全民数字素养提升科普系列丛书

我的中国芯

——集成电路素养提升课

中国电子技术标准化研究院◎编

中国人事出版社

图书在版编目（CIP）数据

我的中国芯：集成电路素养提升课 / 中国电子技术标准化研究院编. -- 北京：中国人事出版社，2024.（全民数字素养提升科普系列丛书）. -- ISBN 978-7-5129-2042-2

Ⅰ. TN402

中国国家版本馆 CIP 数据核字第 2024G970P4 号

中国人事出版社出版发行

（北京市惠新东街 1 号　邮政编码：100029）

*

保定市中画美凯印刷有限公司印刷装订　　新华书店经销

880 毫米 ×1230 毫米　32 开本　4.5 印张　91 千字

2024 年 10 月第 1 版　　2024 年 10 月第 1 次印刷

定价：26.00 元

营销中心电话：400-606-6496

出版社网址：https://www.class.com.cn

编委会

出版说明

当今世界正经历百年未有之大变局，我国正处于实现中华民族伟大复兴关键时期。党的二十大提出，要加快发展数字经济，促进数字经济和实体经济深度融合，打造具有国际竞争力的数字产业集群。“十四五”时期，数字经济将继续快速发展、全面发力，成为我国推动高质量发展的核心动力。发展数字经济，推动数字产业化和产业数字化，亟须提升全民数字素养，增加数字人才有效供给，形成数字人才集聚效应，发挥数字人才的基础性作用，加快发展新质生产力。

2024 年，中央网信办、教育部、工业和信息化部、人力资源社会保障部联合印发《2024 年提升全民数字素养与技能工作要点》，指出 2024 年是中华人民共和国成立 75 周年，是习近平总书记提出网络强国战略目标 10 周年，是我国全功能接入国际互联网 30 周年，做好今年的提升全民数字素养与技能工作，要以习近平新时代中国特色社会主义思想为指导，以助力提高人口整体素质、服务现代化产业体系建设、促进全体人民共同富裕为目标，推动全民数字素养与技能提升行动取得新成效，以人口高质量发展支撑中国式现代化。

为紧密配合全民数字素养与技能发展水平迈上新台阶，推进数字素养与技能培育体系更加健全，进一步缩小群体间数字鸿沟，助力提高数字时代我国人口整体素质，支撑网络强国、人才强国建设，中国人事出版社组织国内权威的行业学会协会、高校、科研机构，由院士级专家学者领衔，联合推出“全民数字素养提升科普系列丛书”。

丛书定位于服务国家数字人才发展大局，推动数字时代数字经济和数字人才高质量发展；着眼于与社会人才需求同频共振，参与数字赋能、全员素养提升行动；着力于提升国家科技文化软实力，打造优秀科普作品。丛书聚焦人工智能、物联网、大数据、云计算、数字化管理、智能制造、工业互联网、虚拟现实、区块链、集成电路等数字技术领域，采取四色彩印形式，单书成册，以科普式的语言及图文并茂的呈现方式展现数字技术领域技术发展、职业发展、产业应用的全貌。

每本书均分为 4 篇，分别为数字知识篇、数字职业篇、数字产业篇、数字未来篇。数字知识篇采用一问一答的形式，问题由简入繁；数字职业篇围绕特定的数字经济领域介绍相关职业的由来、人才培养及促进高质量就业等情况；数字产业篇介绍数字技术在工业生产及人民生活中的应用发展；数字未来篇展现数字产业的前瞻性发展。

期待丛书的出版更好地服务于全民数字素养提升，激发数字人才创新创业活力，为数字经济高质量发展赋能蓄力。

目　录

数字产业篇 / 63

数字未来篇 / 103

数字知识篇

第1课

集成电路基础知识

1. 什么是集成电路?

根据《集成电路术语》(GB 9178—1988),集成电路是将若干电路元件不可分割地连在一起,并且在电气上互连,以致就规范、试验、贸易和维修而言,被视为不可分割的一种电路。为了加深大家对集成电路的理解和认识,下面详细介绍一下集成电路。

集成电路的英文为 integrated circuit,缩写为 IC;顾名思义,就是把一定数量的常用电子元件,如电阻、电容、晶体管等,以及这些元件之间的连线,通过半导体工艺集成在一起的具有特定功能的电路,如图 1-1 所示。集成电路是 20 世纪 50 年代后期到 60 年代发展起来的一种新型半导体器件,它是经过氧化、光刻、扩散、外延、蒸铝等半导体制造工艺,把构成具有一定功能的电路所需的半导体、电阻、电容等元件及它们之间的连接导线全部集成在一小块硅片上,然后焊接封装在一个管壳内的电子器件。其封装外壳有圆壳式、扁平式和双列直插式等多种形式。集成电路技术包括芯片制造技术与设计技术，主要体现在加工设备、加工工艺、封装测试、批量生产及设计创新的能力上。

图 1-1　集成电路示例

集成电路根据集成度的高低，可以分为小规模集成（SSI）电路、中规模集成（MSI）电路、大规模集成（LSI）电路和超大规模集成（VLSI）电路等；根据功能的不同，可以分为模拟集成电路和数字集成电路等；此外，根据制作工艺的不同，还可以分为薄膜集成电路和厚膜集成电路等。

集成电路具有体积小、质量小、引出线和焊接点少、使用寿命长、可靠性高、性能好等优点，同时成本低，便于大规模生产。它不仅在工业、民用电子设备如收录机、电视机、计算机等方面得到广泛的应用，同时在军事、通信、遥控等方面也得到广泛的应用。用集成电路来装配电子设备，其装配密度比晶体管可提高几十倍至几千倍，设备的稳定工作时间也可大大延长。

2. 集成电路是如何起源的？

提到集成电路的起源，不得不说世界上第一台通用计算机。1946 年在美国诞生的世界上第一台通用计算机 ENIAC，长 30.48 米，宽 6 米，高 2.4 米，占地面积约 170 平方米，有 30 个操作台，造价 48 万美元。它包含 17 468 根真空管（电子管）、7 200 根晶体二极管、70 000 个电阻器、10 000 个电容器、1 500 个继电器、6 000 多个开关。这样一台“巨大”的计算机每秒钟可以进行 5 000 次加减运算，相当于手工计算的 20 万倍。每小时耗电量约为 140 千瓦。显然，占地面积大、无法移动以及耗电量大是这台计算机最直观和突出的问题，如果能把这些电子元件和连线集成在一小块载体上就会方便很多。

英国雷达研究所的科学家杰夫·达默（Geoff Dummer）提出可以把电子线路中的分立元器件集中制作在一块半导体晶片上，一小块晶片就是一个完整电路，这样一来，电子线路的体积就可大大缩小，可靠性大幅提高。晶体管的发明使这种想法成为可能，因此在发明晶体管后，很快就出现了基于半导体的集成电路的构想，进而发明出了集成电路。1958 年到 1959 年间，美国德州仪器公司的杰克·基尔比（Jack Kilby）和仙童半导体公司的罗伯特·诺伊斯（Robert Noyce）分别独立发明了集成电路。基尔比的集成电路是在一块锗半导体晶片上刻出电路图案，然后将晶体管等元器件焊接在上面，如图 1-2 所示。诺伊斯的集成电路则是在一块硅半导体晶片上刻出电路图案，然后用金属导线将晶体管等元器件连接起来，如图 1-3 所示。这两种方法都被认为是集成电路的起源。

图 1-2　基尔比发明的集成电路

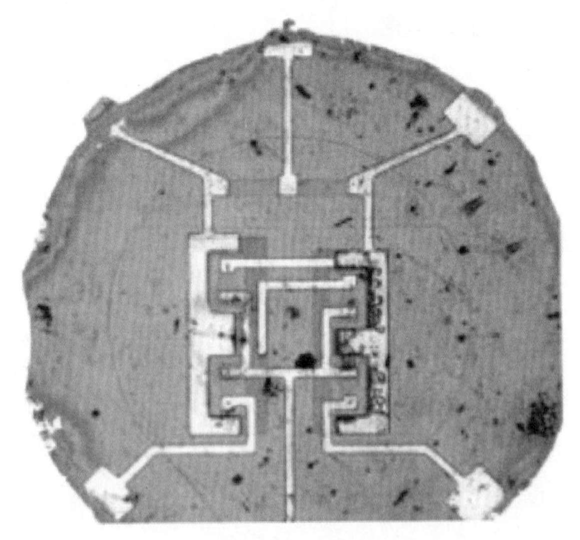

图 1-3　诺伊斯发明的硅晶体集成电路

随着晶体管技术的不断改进和发展，越来越多的晶体管被纳入单一的芯片，这就是我们所称的集成电路芯片。集成电路芯片的出现让单个芯片容量得以不断扩大，并将半导体技术和微电子技术结合到了一起，将电子元器件的细节做得更小，具有体积小、封装完整性良好、可靠性高等特性。

3. 摩尔定律是什么？

戈登·摩尔（Gordon Moore，1929—2023 年），英特尔（Intel）公司的创始人之一。1965 年任仙童半导体公司研究开发实验室主任时，他应邀为《电子学》杂志 35 周年专刊写了一篇观察评论报告，题目是《让集成电路填满更多的元件》。摩尔在统计数据时发现了一个惊人的趋势：每个芯片的晶体管数量大约是其上一代产品的两倍，芯片的更新换代周期是 18～24 个月。1975 年，摩尔根据当时的实际情况，将“密度每年翻一番”的周期重新审定和修正为 18 个月。

摩尔定律是摩尔的经验之谈，但并非自然科学定律，而是对发展趋势的一种分析预测，它在一定程度上揭示了信息技术进步的速度，因此，无论是对它的文字表述，还是定量计算，都应当容许一定的宽裕度。从这个意义上看，摩尔的预言是准确而难能可贵的，所以才会得到业界人士的公认，并产生巨大的反响。

摩尔定律不仅反映了半导体行业的发展规律，也推动了整个信息技术领域的创新和变革。摩尔定律使得计算机从神秘的庞然大物变成多数人不可或缺的工具，信息技术由实验室进入无数个普通家庭，因特网将全世界联系起来，多媒体视听设备丰富着每个人的生活。

摩尔定律对人类的贡献是非常巨大的，使人们的生活发生了翻天覆地的变化。然而，摩尔定律也有其局限性。随着制程工艺要求的不断提高，集成电路的制作难度也不断增加，制造成本也不断提高。同时，由于物理极限的存在，集成电路的性能提升也面临很大的挑战，因此，我们需要探索新的技术和发展方向来应对这些挑战。

4. 芯片与集成电路的区别是什么？它们有什么关系？

芯片又称微电路（microcircuit）、微芯片（microchip）。芯片是指内含集成电路的硅片，体积很小，通常用来实现某种特定的功能，常常是计算机或其他电子设备的一部分。芯片一般是指集成电路的载体，也是集成电路经过设计、制造、封装、测试后的结果，通常是一个可以立即使用的独立的整体。

芯片和集成电路是两个相关但不完全相同的概念。在范围方面，集成电路范围较广，它可以包括一个或多个电子元件、电路和系统，而芯片是集成电路的一个子集，通常是指那些具有独立功能的集成电路。在设计方面，集成电路的设计更加复杂，需要考虑各种元件的布局、布线、封装等方面，而芯片的设计则更注重于实现特定的功能。芯片通常是由单晶片材料制造而成，具有高度集成和小型化的特点。集成电路则是一种制造技术和应用技术，是通过将多个电子元件（晶体管、电容、电阻等）和电路集成到一个芯片上，从而实现更高的集成度和更小的体积。一般来说，芯片强调的是功能，而集成电路强调的是技术。在实际生产和使用中，“芯片”和“集成电路”这两个词经常混着使用。

5. 芯片是如何诞生的?

一般来说，制造一个成品芯片需要经过芯片设计、芯片制造、封装测试三大过程。

第一步：芯片设计。

在设计前首先需要明确芯片的功能和性能需求，然后在设计阶段，工程师完成架构设计、功能设计、逻辑设计、电路设计、物理设计验证，最后使用各种仿真和模拟平台进行验证和确认，以满足需求。在设计过程中的各个环节都需要用到电子设计自动化（EDA）工具。

第二步：芯片制造。

首先需要制作硅锭和晶圆。在沙子中加入碳，在高温作用下，进行反复提纯，然后经过熔化，从中拉伸出小圆柱状的硅晶柱，也就是硅锭。用钻石刀将硅锭切成许多单个的圆片，圆片经过打磨抛光后便成为晶圆。

然后将集成电路的设计图案转移到晶圆表面。将制成的晶圆放入机器进行沉积氧化加膜，均匀地涂上光刻胶，放入光刻机，利用紫外线透过光掩模照射到光刻胶上进行曝光，把电路图刻下来；送去刻蚀机刻蚀，利用等离子体物理冲击离子注入，将未被光刻胶覆盖的氧化膜和下方的硅片刻蚀掉；刻蚀完送去清洗，把覆盖的光刻胶和杂质清洗干净后，送去离子注入机，利用高速度高能量的离子束流注入硅片，改变其载流子浓度和导电类型，形成 PN 结；加覆保护膜，然后将其打磨平整并抛光，让后续薄膜沉积更加顺利。重复上述工艺数十次后，设计图案转移到晶圆表面。

第三步：封装测试。

芯片制造完成后，接下来是封装测试阶段。用精细的切割器将晶圆切割成一个个的芯片，将芯片焊接到基片上，装壳密封，以保护芯片在工作时不受外界的水汽、灰尘、静电等影响。通常芯片封装前要进行测试，以检验芯片是否可以正常工作，封装后还要再测试，以确定封装过程是否发生问题。封装测试完成后，一块芯片产品就制成了。

6. 集成电路的产业链有哪些环节？

集成电路的产业链包括集成电路行业的上游、中游、下游的各种产业组合，以及它们之间的联系，如图 1-4 所示。

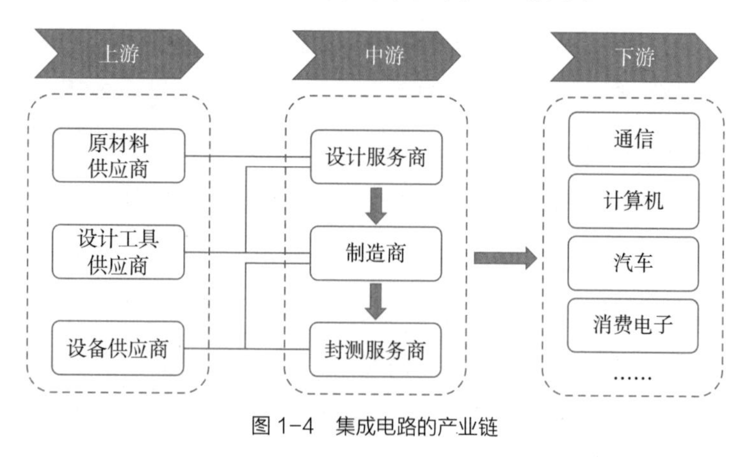

图 1-4　集成电路的产业链

上游产业包括原材料供应商、设计工具供应商、设备供应商等。原材料供应商主要提供原材料，如硅片、封装材料、光刻胶等；设计工具供应商提供设计工具，如 EDA 工具；设备供应商主要提供生产设备，如光刻机、刻蚀机、薄膜沉积设备、离子注入设备、涂胶显影设备、清洗设备等。

中游包括设计服务、制造和封测服务三个环节的产业。集成电路设计服务商主要提供设计服务，如芯片设计、封装设计等。集成电路制造商利用制造工艺将设计图转化为实际的集成电路产品。集成电路封测服务商主要是为设计服务商和制造商提供封装和测试服务。

下游产业主要是通信、计算机、汽车、消费电子等集成电路产品应用企业，它们负责设计、生产和销售终端产品，如智能手机、智能家居产品、汽车电子产品等，将集成电路应用到与人们日常生产生活密切相关的领域。

随着产业分工高度专业化，集成电路产业链各个环节之间的关联性、协同性要求越来越高，共同支撑整个产业稳步前进。党的十八大以来，我国集成电路产业规模不断扩大，产业链结构更趋平衡，技术水平不断提升。近年来，我国产业技术创新能力不断增强，集成电路产品水平持续提升，较好地满足了新一代信息技术领域发展需要以及行业应用需求。

集成电路的应用

1. 常用的芯片有哪些?

芯片应用广泛，种类繁多。随着技术的快速发展和现代电子产品的繁荣，芯片已经成为各种电子设备不可或缺的组成部分。下面介绍几种生活中经常接触到的芯片产品，见表 1-1。

表 1-1 常用芯片分类

芯片大类	主要作用	主要芯片小类
处理器芯片	处理器芯片是电子设备的重要组成部分，主要功能是执行程序，处理各种数据和信息。根据使用目的不同，处理器芯片可以分为通用处理器芯片和专用处理器芯片	中央处理器（CPU）芯片
		图形处理器（GPU）芯片
		数据处理器（DPU）芯片
		网络处理器（NPU）芯片
		加速处理器（APU）芯片
存储芯片	存储芯片是计算机中重要的存储设备，主要负责存储和读取数据	静态随机存储器（SRAM）芯片
		动态随机存储器（DRAM）芯片
		只读存储器（ROM）芯片
		闪存（flash memory）芯片

续表

芯片大类	主要作用	主要芯片小类
接口芯片	接口芯片主要用于连接不同类型的设备，实现数据的传输和控制	通用串行总线芯片
		高清多媒体接口芯片
通信芯片	通信芯片是指用于实现设备之间通信的芯片，包括无线通信芯片和有线通信芯片	5G 基带 / 射频芯片
		Wi-Fi 芯片、蓝牙芯片
		以太网芯片
感知芯片	感知芯片是指用于感知环境和物理量的芯片，能够将感知到的信息转化为电信号	加速度传感器芯片
		光电传感器芯片
		温度传感器芯片
		压力传感器芯片
电源管理芯片	电源管理芯片主要用于管理电源的供应和分配。它们可以用于调节电压、电流和功率，以满足不同设备的需要	DC/AC 转换器芯片
		LDO 稳压器芯片
		驱动芯片
		电源管理芯片
		开关电源控制芯片
专用集成电路（ASIC）芯片	ASIC 是针对整机或系统的需要，专门为之设计制造的集成电路	全定制 ASIC 芯片
		半定制 ASIC 芯片
		可编程 ASIC 芯片

2. 集成电路在生活中有哪些应用?

集成电路被广泛地应用在生活中并起着重要的作用，下面是集成电路在生活中的一些具体应用。

（1）消费电子

集成电路是消费电子产品的核心，如手机、电视、计算机等。这些设备中的集成电路负责处理信息、执行程序、驱动屏幕、处理声音等。

（2）汽车电子

在现代汽车中，集成电路被广泛应用于发动机控制、安全气囊、防抱死刹车系统等许多重要领域。

（3）医疗电子

在医疗设备中，集成电路负责监测、诊断和治疗各种疾病，如心电监护仪、血压计、计算机体层成像（CT）设备等。

（4）通信系统

集成电路在无线通信和有线通信中发挥着至关重要的作用，如手机信号的传输、互联网数据的处理和传输等。

（5）电力系统

在智能电网和电力系统自动化中，集成电路被用于监控和调控电力的生成、输送和使用。

（6）嵌入式系统

嵌入式系统广泛存在于工业自动化、航空航天、交通运输等领域，集成电路是实现嵌入式系统的关键。

（7）物联网

物联网设备如智能家居、智能农业等，都离不开集成电路的支持。

（8）娱乐产业

在电子游戏机、音响设备、相机等娱乐设备中，集成电路同样发挥着核心作用。

（9）安全与防御

集成电路在安全系统、雷达、导弹制导等方面也有广泛应用。

（10）教育技术

电子学习工具如平板计算机和智能白板等，都依赖于集成电路进行数据处理和交互。

集成电路已经成为现代生活中不可或缺的一部分，它的应用远不止以上列举的这些。在未来的发展中，集成电路将会发挥更大的作用。

3. 集成电路是如何支持电子游戏机工作的?

处理器（通常是 CPU）是电子游戏机的核心，电子游戏机中的集成电路包含一个或多个处理器，这些处理器是电子游戏机的大脑，负责执行游戏逻辑、物理计算、图像渲染等任务。它们通过集成电路内部的芯片将图像数据转换为数字信号。

集成电路中的图形处理器（GPU）负责生成游戏中的图像。

GPU 将数字信号转换为模拟信号，然后通过传输线路将图像信号发送到电视屏幕，一旦图像信号到达电视屏幕，电视屏幕的图形处理器接收信号并将其转换为我们所看到的图像的像素信息。集成电路在图像传输中负责信号的转换和传输，确保我们能够在电视屏幕上看到精彩的图像。

集成电路还能在电子游戏机内部传输数据。例如，在游戏加载过程中，集成电路将游戏数据从存储设备（如硬盘或光盘）传输到内存中，以便处理器可以快速访问这些数据。同样，处理器完成一帧的渲染后，它将图像数据发送给连接的显示器，让电视屏幕显示出来。

与图像传输类似，电子游戏机内的声音处理器通过麦克风或其他输入设备接收声音信号，这些声音信号被转换为数字信号，并由集成电路传输到连接扬声器的输出端口，随后将数字信号转换为模拟信号，通过传输线路将声音信号发送到扬声器，一旦信号到达扬声器，扬声器的声音处理器会接收信号，并将其转换为我们听到的声音。

在电子游戏机中，集成电路还是一个系统集成的关键部分。它将各个组件（如处理器、内存、存储设备等）连接在一起，形成一个协同工作的系统。这种集成确保了电子游戏机能够以高效、稳定的方式运行。通过优化集成电路的设计和制造工艺，可以提高电子游戏机的处理速度、图像质量，增强声音效果，从而提供更好的游戏体验。

总之，集成电路在电子游戏机中的应用非常广泛，从数据处理、图像生成、声音处理到系统集成和性能优化，都离不开集成电路的支持。

4. 集成电路在工业控制领域的应用有哪些?

在工业控制领域，集成电路扮演着至关重要的角色，为自动化、高效和精准的生产流程提供支持。以下是集成电路在工业控制领域的具体应用场景。

集成电路被广泛应用于电动机控制系统中，如交流电动机、直流电动机、步进电动机等控制系统。通过集成电路对电动机的驱动和控制，可以实现电动机的启动、停止、调速和定位等功能，提高生产效率和精度。

在自动化流水线中，集成电路是实现生产线自动化的关键组件。通过集成电路控制流水线的各个环节，如物料传输、加工、检测等，可以减少人工干预，提高生产效率和质量。

在化工、制药、食品等行业中，过程控制是实现稳定生产和质量的关键。集成电路作为过程控制的核心组成部分，用于监测和控制各种工艺参数，确保生产过程中的温度、压力、流量等参数符合要求。

工业安全对于保障生产和人员安全至关重要。集成电路可以用于实现各种安全功能，如急停控制、安全门控制、安全光幕等。通过集成电路对工业设备的监测和控制，可以及时发现潜在的安全隐患并采取相应措施。

在工业控制领域，数据采集与监控是实现生产可视化和优化的基础。集成电路可以用于数据采集和传输，如各种传感器和执行器。通过集成电路将数据传输到上位机或云平台，可以实现实时监控、数据分析、故障诊断等功能。

随着能源成本的增加和环保意识的提高，能源管理成为工业控制领域的重要需求。集成电路可以通过实现能耗监测、能源计量、节能控制等功能，帮助企业降低能源消耗和提高能源利用效率。

机器人技术是工业控制领域的重要发展方向。集成电路是机器人技术的核心组成部分，用于实现机器人的感知、决策和控制。通过集成电路对机器人的运动轨迹、姿态、传感器信号进行处理和控制，可以提高机器人的智能化水平和生产效率。

除了以上列举的应用场景，集成电路在工业控制领域还有许多其他应用，如运动控制、物联网技术在工业中的应用等。随着技术的不断发展和应用的不断深化，集成电路在工业控制领域的应用将更加广泛和深入，为实现更加智能化和自动化的生产流程提供重要支持。

5. 集成电路在信息技术领域中的应用有哪些?

信息技术领域是集成电路应用最为广泛的领域之一，涵盖了通信系统、计算机硬件、嵌入式系统、多媒体技术、物联网技术、云计算技术和人工智能技术等方面。

（1）通信系统

集成电路在通信系统中扮演着至关重要的角色。在通信系统的各个层面，集成电路实现了信号的发送、传输、接收和处理等功能。从手机通信到卫星通信，集成电路为快速、可靠和安全的通信提供了技术支持。

（2）计算机硬件

集成电路是计算机硬件的核心组成部分，包括中央处理器（CPU）、图形处理器（GPU）、内存、硬盘等。集成电路负责执行计算机的指令，处理数据，实现各种计算和逻辑运算，为计算机的强大功能提供支撑。

（3）嵌入式系统

嵌入式系统是将集成电路与传感器、执行器等其他组件集成在一起，实现特定功能的系统。嵌入式系统广泛应用于各种领域，如智能家居、智能仪表、工业自动化等。集成电路作为嵌入式系统的核心组成部分，实现了嵌入式系统的智能化和高效化。

（4）多媒体技术

多媒体技术领域中，集成电路用于实现图像、音频和视频的处理、压缩和解压缩等功能。集成电路在数字相机、数字电视、电子游戏机等多媒体设备中发挥着关键作用，提高了多媒体内容的处理速度和质量。

（5）物联网技术

物联网技术的实现离不开集成电路的支持。集成电路在物联网设备中发挥着数据处理、通信和控制等功能。从智能家居到智慧城市，集成电路为物联网设备的互连互通和智能化提供基础。

（6）云计算技术

在云计算领域，集成电路是数据中心建设和服务器部署的关键组件。集成电路实现了云计算的虚拟化、资源管理和数据存储等功能，为云计算技术的普及和发展提供支撑。

（7）人工智能技术

人工智能技术的快速发展离不开集成电路的支持。集成电路在人工智能应用中用于实现各种算法和完成数据处理任务，如机器学习、图像识别和自然语言处理等。集成电路为人工智能技术的进步和应用提供了强大的计算能力。

除了以上列举的应用场景，集成电路在信息技术领域还有许多其他应用，如生物信息学、信息安全等。随着技术的不断发展和应用的不断深化，集成电路在信息技术领域的应用将更加广泛和深入，为实现更加智能化和高效化的信息处理提供重要支持。

6. 集成电路在未来的应用场景有哪些?

集成电路在通信领域中将继续发挥重要作用。随着 5G、6G 等通信技术的快速发展，集成电路将应用于更高速、更高效的数据传输和处理。此外，集成电路还应用于卫星通信、光通信等领域。

（1）计算机领域

集成电路在计算机领域的应用将继续深化。未来，集成电路将用于实现更高效、更快速的计算机运算和数据处理，推动云计算、大数据等技术的发展。

（2）物联网领域

随着物联网技术的不断发展，集成电路在物联网设备中的应用将更加广泛。例如，智能家居、智能城市等领域将大量使用集成电路进行数据采集、传输和处理。

（3）人工智能领域

集成电路在人工智能领域的应用将更加重要。人工智能技术需要高性能的计算和优化能力，而集成电路可以为其提供强大的计算能力和优化的能效比。未来，集成电路将应用于更智能化的系统和设备中。

（4）汽车领域

集成电路在汽车领域的应用将更加广泛和深入。自动驾驶技术、车联网等领域需要高性能的集成电路来支持更安全、更智能的驾驶体验。同时，电动汽车的兴起也需要高性能的电池管理和电力电子控制芯片，以提高效率和续航能力。

（5）工业控制和自动化领域

集成电路在工业控制和自动化领域的应用将有助于提高生产效率和精度。自动化系统和工业机器人需要各种传感器、控制芯片来完成任务，监测质量并减少人为错误。这些技术在制造、物流和能源生产领域都发挥着关键作用。

（6）生物医疗领域

集成电路在生物医疗领域的应用将进一步扩大。例如，可穿戴健康设备和植入式医疗器械需要小型、低功耗的芯片，以监测生命体征和提供远程医疗服务。此外，基因测序和生物信息学也受益于高性能的集成电路，集成电路可用于处理大规模基因数据，加速医学研究和诊断。

（7）绿色能源领域

随着绿色能源技术的不断发展，集成电路在风能、太阳能等领域的应用将进一步增长。例如，智能电网和分布式能源系统需要使用高性能的集成电路进行数据采集、分析和控制，实现更高效、更可靠的能源管理。

总的来说，未来集成电路的应用场景将不断扩展，涵盖了计算机、物联网、人工智能、汽车、工业控制和自动化、生物医疗以及绿色能源等多个领域。随着技术的进步和应用需求的增长，集成电路将继续发挥重要作用，推动各领域的数字化转型和智能化发展。

集成电路关键技术

1. EDA 工具可以用来做什么？

电子设计自动化（EDA）是指利用计算机辅助设计（CAD）软件来完成集成电路芯片的功能设计、综合、验证、物理设计（包括布局、布线、版图、设计规则检查等）等流程的设计方式。

在集成电路设计中，设计人员需要使用 EDA 工具来完成功能设计、综合、验证、物理设计等流程。这些流程涉及超大规模集成电路芯片的设计，需要大量的计算和仿真验证。EDA 工具可以自动完成这些烦琐的设计任务，提高设计效率，减少设计错误，降低设计成本。根据设计产品的不同，可将 EDA 工具分为数字设计类、模拟设计类、晶圆制造类、封装类、系统类五大类。

（1）数字设计类工具主要是面向数字芯片设计的工具，包括功能和指标定义、架构设计、寄存器传输级（RTL）编辑、功能仿真、逻辑综合、静态时序仿真、形式验证等工具。

（2）模拟设计类工具主要是面向模拟芯片的设计工具，包括版图设计与编辑、电路仿真、版图验证、库特征提取、射频设计解决方案等产品线。

（3）晶圆制造类工具主要是面向晶圆厂/代工厂的设计工具，协助晶圆厂开发工艺并且实现器件建模和仿真等功能，同时也是生成工艺设计套件（PDK）的重要工具。晶圆制造类工具包括器件建模、工艺和器件仿真、PDK开发与验证、计算光刻、掩模版校准、掩模版合成和良率分析等功能。

（4）封装类工具主要是面向芯片封装环节的设计、仿真、验证工具，包括封装设计、封装仿真以及SI/PI（信号完整性/电源完整性）分析等功能。

（5）系统类工具可细分为印制电路板（PCB）设计工具、平板显示设计工具、系统仿真工具和复杂可编程逻辑器件/现场可编程门阵列（CPLD/FPGA）等可编程器件上的电子系统设计工具。

EDA工具的发展推动了集成电路设计方法的不断优化和改进，使得设计人员能够更加高效地进行设计、验证和优化。同时，EDA工具也支持了新技术的创新和发展，为集成电路产业的持续发展提供了有力支撑。

2. 集成电路设计的IP核是什么？

IP核的意思是知识产权核或知识产权模块，是指已经过验证的、可重复利用的、具有某种确定功能的集成电路模块，它在集成电路设计中发挥着重要的作用。IP核可以加快芯片的开发速度、降低成本并提高可靠性，因此受到广泛欢迎。IP 核有三种不同的存在形式——HDL 语言形式、版图形式、网表形式，分别对应三类 IP 核——软核、硬核和固核，它们具有不同的灵活性和应用场景。

软核通常以硬件描述语言（HDL）源文件的形式出现，应用开发过程与普通的 HDL 设计也十分相似，只是所需开发的硬软件环境比较昂贵。软核的设计周期短，设计投入少。由于软核不涉及物理实现，所以为后续设计留有很大的发挥空间，增大了 IP 核的灵活性和适应性。其主要缺点是在一定程度上使后续工序无法适应整体设计，从而需要一定程度的软核修正，在性能上也不可能获得全面的优化。由于软核是以源代码的形式提供的，所以容易涉及知识产权的问题。

硬核主要以偏后期的版图形式存在，硬核提供设计的最终阶段产品——掩模。掩模是指经过完全布局布线，经过前端和后端验证的设计版图，可预见性好，同时可以针对特定工艺或下游客户进行功耗和尺寸上的优化，但灵活性和可移植性较差。因为硬核不需要提供 RTL 文件，所以更容易实现知识产权保护。

固核是软核和硬核的折中，采用门级网表的 IP 提交形式，与芯片实现工艺具有一定的相关性，从而在灵活性与可靠性上均为软核与硬核的折中。由于内核的建立、保持时间和握手信号都可能是固定的，所以其他电路设计时都必须考虑与内核进行正确的连接。

随着芯片应用市场不断扩大，芯片种类不断推陈出新，用成熟的 IP 核开发产品迅速抢占市场具有越来越高的重要性。

在当前电子产品更新迭代速度越来越快的情况下，要在短时间内完成芯片设计，只有通过大量集成验证成熟的 IP 核，才能加速设计流程。智能化、网络化的发展趋势更是让芯片的设计规模和复杂度不断攀升，使得芯片设计公司对半导体 IP 核的依赖程度日益增加，半导体 IP 核在产业链中的作用越来越凸显。半导体 IP 核处于半导体上游供应环节，由于性能高、设计复杂、功耗优、成本适中、技术密集度高、知识产权集中、商业价值高，已经逐渐成为芯片设计的核心产业要素和竞争力体现。

3. 如何将集成电路设计版图转印到晶圆表面？主要工艺过程包括哪些？

光刻技术是将设计好的图形从光刻版或倍缩光刻版转印到晶圆表面的光刻胶上所使用的技术。电路设计利用刻蚀和离子注入将定义在光刻胶上的图形转移到晶圆表面，晶圆表面上的光刻胶图形由光刻技术决定，因此，光刻是集成电路生产中最重要的工艺技术。

光刻工艺流程主要包括硅片处理、预烘和底胶涂覆、光刻胶涂覆、前烘、对准、曝光、显影、坚膜、刻蚀或离子注入、光刻胶去除等工艺步骤。光刻工艺直接决定芯片制程和性能，是芯片制造环节最关键的工艺步骤，而光刻机是核心设备，处于高度垄断状态，其技术含量高、结构复杂，被誉为“现代工业皇冠上的明珠”。

光刻机主要包括光源、掩模、镜头系统、投影台和控制系统。光源通常是紫外线灯或激光器，用于产生高能光束。掩模是带有所需图案的透明介质，通过光源投射到目标表面。镜头系统负责将图案投射到光刻胶涂覆的硅片表面。投影台支撑硅片并确保其精确定位。控制系统则管理整个光刻过程，包括光源的强度、曝光时间等参数。

光刻机的复杂程度堪称人类科技之巅。一方面，光刻机制造是多学科交织的极其复杂的工程，其研发集成了精密光学、精密运动学、高精度微环境控制、算法、微电子、高精度测控等多学科全球最顶尖工程师和科学家的智慧。另一方面，光刻机是一整套完整的纳米工业体系，要产出纳米级精度的芯片，需要其背后的光源系统、光学镜头系统、精密运动和环境控制系统、测量系统、聚焦系统、对准系统等模块全部达到纳米级精度，并且高度集成和协同，每一个子系统的技术迭代成果均蕴含了该领域最前沿的高精尖技术。

光刻机作为现代集成电路制造的核心设备，其技术水平直接决定了集成电路的制程能力和国家的科技实力。近年来，我国在光刻机领域取得了一定的进展，但与国际先进水平相比仍存在一定差距。随着国内科技实力的不断提升和国家对集成电路产业的高度重视，国产光刻机的发展前景会越来越广阔。

4. 芯片里的晶体管是如何安装上去的，又是通过什么方式连接在一起的？

芯片里的晶体管是由半导体材料制成的，具体来说，主要是硅（Si）和锗（Ge）。这些半导体材料在纯净状态下是绝缘体，但通过掺杂其他元素，可以使其导电，它们的导电性和导电类型（N 型或 P 型）可以控制。

一枚封装好的芯片，内部为由数十至数百亿个晶体管组成的集成电路。这些晶体管不是安装上去的，而是在芯片制造的时候雕刻上去的。首先通过光刻技术将设计好的电路图转移到半导体材料上，然后进行刻蚀处理，用刻蚀机把没有被光刻胶保护的部分腐蚀掉，形成晶体管的各种结构，接着进行掺杂处理，将不同的元素掺入半导体材料经过刻蚀的地方，就形成了晶体管。

每个晶体管都有三个端子，所有端子都必须正确连接，以便芯片执行其设计功能。芯片内部的晶体管是通过金属互连线进行互连的。这些金属互连线通常由铜等导电材料制成，非常微细且精度要求极高。在制造过程中，这些金属互连线会沉积在晶片上，形成电路图案。芯片内部的连接主要涉及三种，接触连接、跳线连接和金属线连接。接触是指晶体管和金属导线之间的连接点，通常是由金属制成的凸起点或接触台，用于连接晶体管的电极和金属导线。跳线是连接不同金属层的导电孔，通常由金属填充而成，它能够实现不同层之间的电气连接，使得整个电路成为一个完整的系统。金属线是指构成芯片内部电路的金属导线，通常采用铜等导电材料制成，这些金属导线在芯片内部形成复杂的电路网络，用于实现各种逻辑运算和信号传输。通过这些连接方式，芯片内部的晶体管可以相互连接起来，形成一个完整的电路系统。同时，这些连接方式也需要经过精密的设计和控制，以确保它们能够可靠地工作，并且不会对整个电路系统的性能产生负面影响。

5. 为什么要对芯片进行封装测试?

芯片封装是指把硅片上的电路管脚用导线接引到外部接头处，以便与其他器件连接。封装形式是指安装半导体集成电路芯片所用的外壳。芯片封装是半导体器件制造过程中的重要环节，其最基本功能就是保护芯片。芯片封装可以将芯片封装在塑料、陶瓷或金属封装体内，有效地隔离芯片与外界环境的接触，防止灰尘、潮气、化学物质等对芯片的侵蚀和损害，这能有效延长芯片的使用寿命。同时，芯片封装还能有效提高芯片的可靠性和稳定性。

芯片测试是贯穿集成电路设计、制造、封装和应用全过程的产业。集成电路测试是一种以检测芯片在生产制造过程中引入的缺陷为目的的应用测试。测试的意义不仅在于判断被测试器件是否合格，保证用户使用时的可靠性，而且在于可以提供关于制造过程的有用信息，有助于提高成品率，还可以提供设计方案中薄弱环节的信息，有助于设计改进。

相较于集成电路设计和集成电路制造行业，集成电路封测行业技术含量较低，属于劳动密集型产业，是我国最早进入的集成电路行业的重要环节，同时随着技术的发展，集成电路产业各个环节之间的关联性、协同性要求越来越高，因此，即使是技术含量较低的集成电路封测行业在整个集成电路产业发展过程中也显得尤为重要。

6. 芯片是如何工作的?

芯片通常由基片、连线、电子元件（晶体管、电容、电阻等）

以及封装材料组成。基片是集成电路的载体，通常由半导体材料制成，如硅或锗。在芯片中，电子元件通过集成电路技术集成在一起来实现芯片的各种功能。芯片中的电子元件通过金属线或多层金属互连系统连接在一起，通过金属连线形成复杂的电路网络。这些金属连线提供了电子元件之间传递信号和电流的路径。

晶体管是芯片中最基本的电子元件。在芯片中，晶体管被微型化制造，可以实现放大、开关和逻辑运算等功能。当许多晶体管在芯片上相互连接时，它们能够实现复杂的逻辑运算、数据存储和信号处理等功能。

电容和电阻等其他电子元件在芯片中也有重要作用。电容可以用于存储电荷，电阻可以调节电压和电流。这些电子元件与晶体管一起工作，根据设计好的电路布局和连接方式进行相互作用，实现对输入信号的处理和转换。

当芯片接收到输入信号时，电子元件会根据特定的电路布局和连接方式进行相互作用。这些电子元件通过微小的电流和电压变化来传递和处理信息，最终实现各种功能，如逻辑运算、数据存储、信号处理等。

总的来说，芯片的工作原理是通过内部的电子元件相互连接形成复杂的电路，利用逻辑门、存储器和运算器等模块实现各种功能。这些功能是通过电子元件之间的相互作用实现的，而这些相互作用则是在微小的尺度上进行的，这使得芯片能够实现高度集成和微型化，并具备强大的计算和数据处理能力。

数字职业篇

第4课

集成电路人才国家战略

1. 集成电路产业的人才需求现状

集成电路是新时代的战略产业，关乎技术自主和国家的核心产业竞争力。党的二十大报告指出，教育、科技、人才是全面建设社会主义现代化国家的基础性、战略性支撑。必须坚持科技是第一生产力、人才是第一资源、创新是第一动力，深入实施科教兴国战略、人才强国战略、创新驱动发展战略，开辟发展新领域新赛道，不断塑造发展新动能新优势。对于集成电路产业来说，核心技术是第一竞争力，而人才又是产业的核心要素。如何解决“人”的缺口，让核心技术不再被“卡脖子”，成为亟待解决的关键问题。

据中国半导体行业协会统计，2022 年中国集成电路产业销售额为 12 006.1 亿元。其中，设计业销售额为 5 156.2 亿元；制造业销售额为 3 854.8 亿元；封测业销售额为 2 995.1 亿元，设计业、制造业、封测业占比分别为 42.9%、32.1%、25.0%。预计 2023—2025 年年均复合增长率将达到 5%～7%。根据国家统计局数据，

2023年，我国国内集成电路产量为3 514亿块，同比增长6.9%，半导体产业生态进一步完善，成熟制程芯片的国产替代业已蔚然成风。

根据中国半导体行业协会预测，到2024年行业人才总规模将达到79万左右，人才缺口在23万人左右，其中设计业和制造业的人才缺口都在10万人左右。在产业规模高速增长的同时，行业对人力资源管理的要求也在逐步提高，引、育、用、留等话题日益受到重视。半导体企业应该如何招到合适的人才，做到人尽其才、才尽其用，同时重视产教融合，加强对人才的长期培养，对于行业的持续发展至关重要。

尽管人才数量有所增长，但面对我国庞大的集成电路产业市场规模，人才缺口依旧非常明显。造成国内集成电路产业人才不足的原因有以下三个方面：一是高校集成电路人才供给不足；二是集成电路产业人才成长时间长，由于大多数集成电路企业对人才的要求较高，往往要招揽的是有3～5年工作经验的人才，所以招揽人才上难度颇高；三是行业薪资不高，虽然薪资待遇在这两年来有所提高，但总体上说，目前国内芯片行业由于投入产出比比较大、研发投入高等因素，企业利润有限，人才薪资不高。

在创新基础设施和相关应用蓬勃发展的引领下，集成电路核心产业链——设计、制造、封装、测试等和上下游装备及材料产业必然将同时迎来快速扩张趋势，这一发展态势毋庸置疑地对集成电路产业及相关行业从业人员规模和质量都提出了更高要求。集成电路行业的良性发展将越来越依赖技能型人才主导的技术创新，特别是交叉复合型人才，人才结构调整势在必行。

2. 国家出台多项产业人才政策

集成电路产业战略地位显著，为鼓励集成电路产业发展，推进自主可控，摆脱受制于人的情况，国家先后出台一系列集成电路投资税收减免、政府补贴等相关政策，举全国之力保障供应链安全，促进行业健康发展。

集成电路作为信息技术产业的核心，是支撑国家经济社会发展和保障国家安全的战略性、基础性和先导性产业。2020 年，国务院正式发布《新时期促进集成电路产业和软件产业高质量发展的若干政策》，制定出台集成电路产业财税、投融资、研究开发、进出口、人才、知识产权、市场应用、国际合作八个方面的政策措施。2021 年，工业和信息化部发布《“十四五”信息通信行业发展规划》，明确指出要完善数字化服务应用产业生态，加强产业链协同创新，增强集成电路等产业原始创新能力和产业基础支撑能力。

当前，我国已形成比较完整的集成电路产业链，并积累了一定的产业基础、优势方向和专业队伍，但在国际科技竞争日趋激烈、产业链“脱钩”风险持续加大的形势下，发展集成电路产业依然任重而道远。集成电路是多种学科高度交叉融合下的科学技术，不仅要重视核心技术创新，更要关注集成电路人才体系供给。我国集成电路产业目前还存在人才培养基数不足、人才结构性失衡、培养模式产教脱节等突出问题。因此，加快建立以产业需求为导向、以岗位能力需求为基础的集成电路产业人才岗位能力要求标准势在必行。

政策连线

在2020年《国务院关于印发新时期促进集成电路产业和软件产业高质量发展若干政策的通知》中，专门列出了人才政策，其中：

在二十二条中指出，进一步加强高校集成电路和软件专业建设，加快推进集成电路一级学科设置工作，紧密结合产业发展需求及时调整课程设置、教学计划和教学方式，努力培养复合型、实用型的高水平人才。加强集成电路和软件专业师资队伍、教学实验室和实习实训基地建设。教育部会同相关部门加强督促和指导。

在二十三条中指出，鼓励有条件的高校采取与集成电路企业合作的方式，加快推进示范性微电子学院建设。优先建设培育集成电路领域产教融合型企业。纳入产教融合型企业建设培育范围内的试点企业，兴办职业教育的投资符合规定的，可按投资额30%的比例，抵免该企业当年应缴纳的教育费附加和地方教育附加。鼓励社会相关产业投资基金加大投入，支持高校联合企业开展集成电路人才培养专项资源库建设。支持示范性微电子学院和特色化示范性软件学院与国际知名大学、跨国公司合作，引进国外师资和优质资源，联合培养集成电路和软件人才。

在二十四条中指出，鼓励地方按照国家有关规定表彰和奖励在集成电路和软件领域做出杰出贡献的高端人才，以及高水平工程师和研发设计人员，完善股权激励机制。通过相关人才项目，加大力度引进顶尖专家和优秀人才及团队。在产业集聚区或相关产业集群中优先探索引进集成电路和软件人才的相关政策。制定并落实集成电路和软件人才引进和培训年度计划，推动国家集成电路和软件人才国际培训基地建设，重点加强急需紧缺专业人才中长期培训。

在二十五条中指出，加强行业自律，引导集成电路和软件人才合理有序流动，避免恶性竞争。

我国先后颁布多项政策促进集成电路行业发展，见表2-1。

表2-1 促进集成电路行业发展的政策

时间	主体	政策文件	政策相关内容
2022年3月	发展改革委、工业和信息化部、财政部、海关总署、税务总局	《关于做好2022年享受税收优惠政策的集成电路企业或项目、软件企业清单制定工作有关要求的通知》	对符合条件的集成电路企业或项目、软件企业给予税收优惠或减免，鼓励支持集成电路企业健康发展，加速推动国内半导体业的国产替代进程
2021年11月	工业和信息化部	《“十四五”软件和信息技术服务业发展规划》	重点突破工业软件，关键基础软件补短板。建立EDA工具开发商、芯片设计企业、代工厂商等上下游企业联合技术攻关机制，突破针对数字、模拟及数模混合电路设计、验证、物理实现、制造测试全流程的关键技术，完善先进工艺工具包

续表

时间	主体	政策文件	政策相关内容
2021年3月	中共中央	《中华人民共和国国民经济和社会发展第十四个五年规划和2035年远景目标纲要》	制定实施战略性科学计划和科学工程，瞄准前沿领域。其中，在集成电路领域，关注集成电路设计工具、重点装备和高纯靶材等关键材料研发、集成电路先进工艺和绝缘栅双极型晶体管（IGBT）、微机电系统（MEMS）等特色工艺突破，先进存储技术升级，碳化硅、氮化镓等宽禁带半导体发展
2020年12月	财政部、国家税务总局、发展改革委、工业和信息化部	《关于促进集成电路产业和软件产业高质量发展企业所得税政策的公告》	明确国家鼓励的集成电路设计、装备、材料、封装、测试企业和软件企业，自获利年度起按“两免三减半”征收企业所得税
2020年7月	国务院	《新时期促进集成电路产业和软件产业高质量发展的若干政策》	分别从财税、投融资、研究开发、进出口、人才、知识产权、市场应用、国际合作等多方面推动集成电路发展，优化集成电路产业和软件产业高质量发展的若干产业发展环境

同时，我们可以看到，进入2023年，各省级、市级集成电路专项政策密集出台。

1月，江苏省人民政府发布《关于进一步促进集成电路产业高质量发展的若干政策》，鼓励各设区市加大对集成电路产业的支持力度。

2 月，成都市发布《成都市加快集成电路产业高质量发展的若干政策》；6 月，印发《成都市加快集成电路产业高质量发展的若干政策实施细则》，推动政策具体实施。

此外，湖北省 1 月发布的《湖北省突破性发展光电子信息产业三年行动方案（2022—2024 年）》、上海市 4 月发布的《关于新时期强化投资促进加快建设现代化产业体系的政策措施》、广东省 6 月发布的《关于高质量建设制造强省的意见》，也均对集成电路产业进行了部署。

4 月，浙江省湖州市发布《湖州市加快推进“太湖之芯”计划若干政策》，绍兴市发布《绍兴市加快推进集成电路产业发展若干政策》，以政策杠杆继续加力集成电路产业。

从内容上看，地方集成电路产业发展政策主要包括人才扶持、创新支持、完善链条三大部分。

3. 集成电路产业人才面临的挑战

（1）产业人才缺口较大

近年来，在良好的政策环境和金融环境下国内集成电路产业发展迅速，对人才的需求较为旺盛，我国集成电路产业从业人员保持快速增长态势。很多高校设立了与集成电路相关的专业，如清华大学、北京大学以及复旦大学等，为集成电路产业提供了源源不断的人才。但根据中国半导体行业协会的预测，2024 年我国集成电路产业人才缺口在23万人左右。这种人才短缺的问题，既有行业对人才吸引力的原因，也因为我国在集成电路设计、制造工艺等方面与国际领先水平还存在较大差距，企业仍需花费高昂的人力和时间成本对人才进行系统培养。

（2）领军人才紧缺

集成电路行业领军人才对产业发展十分重要，尤其需要有行业领军人物和标志性项目所立起的标杆。从某种程度上讲，掌握关键核心技术人才可以帮助企业大大缩短研发周期，节省巨额研发费用，有时候甚至成为企业间相互竞争的筹码。从现有人才结构来看，国内有经验的人才储备不足，尤其是掌握核心技术的关键人才紧缺，需要引进。尽管国内部分企业已引进了部分高层次人才，但与产业发展的需求仍相去甚远。国内的产业发展环境、配套政策，以及股权激励机制、薪酬等情况是领军人才关注的要素。除了领军人才缺乏，复合型人才、国际型创新人才和应用型人才也较为紧缺。

（3）师资和实训条件不足

师资队伍、评价体系和实训基地条件等在一定程度上决定了人才培养的质量。从师资队伍来看，目前，我国高校掌握国际前沿理论和技术、具备实战能力的师资较为缺乏，而校企推动“双导师制”过程中，企业师资也可能因工作强度较高、需要时刻跟进机台及工艺进程等原因，在学生培养中发挥的作用有限。不少学校“唯论文”等考核导向也使得人才培养存在产教脱节问题。同时，因为集成电路行业人才流动性大，培训效果难以立竿见影，所以企业对培训的重视及投入不够，知识沉淀和传承受限。从实训基地来看，我国院校培养人才的实训环境缺乏并且培训讲师资源稀缺，由于集成电路产业所涉及的工具和实践设备昂贵，院校相关软硬件设备较为落后且数量不足，而企业能够提供用于教学的资源较少，学生实操机会有限，特别是很多学生在校期间根本就没有经历过集成电路流片等实操，很难满足企业对集成电路人才发展的实际要求。

知识链接

流片是指像流水线一样通过一系列工艺步骤制造芯片，在集成电路设计领域，流片指的是试生产。

（4）人才供需矛盾突出

由于集成电路产业具有高技术属性以及人才培养周期较长，目前人才供给短期内难以满足产业发展需求，导致集成电路产业普遍存在较为严重的挖角现象，这种现象主要集中在研发类、关键技术类、高级管理类等岗位。先行企业刚刚培养出炉的人才尚未在企业中发挥作用，就在其他区域高福利薪酬的吸引下选择跳槽。目前，我国集成电路企业的人才也从之前的持久性提升实现个人发展转变为通过频繁换工作来实现高收入，长期来看不利于集成电路产业的发展。

集成电路工程技术人员与高质量就业

1. 集成电路工程技术人员新职业发布

2021 年 3 月，人力资源社会保障部会同国家市场监督管理总局、国家统计局向社会正式发布了集成电路工程技术人员等 18 个新职业信息。这是《中华人民共和国职业分类大典（2015 年版）》颁布以来发布的第四批新职业。“集成电路工程技术人员”是数字化技术发展和变革催生出的新职业，对促进数字经济的健康发展具有重要意义。

（1）为什么产生新职业?

职业是随着生产力发展和社会劳动分工的出现，逐步产生和变化的。新职业发布制度，是在系统总结长期以来我国经济社会发展、劳动者就业创业和职业教育培训等实践工作的基础上建立起来的，是建立科学规范的职业分类体系的重要途径，是建立动态调整的职业分类机制的有效措施。1999 年，我国颁布了首部国家职业分类大典，共收录了 1 838 个职业。进入 21 世纪，随着我国经济社会发展、科技进步、产业结构调整升级，新产业、新业态、新模式不断涌现，新职业也随之不断涌现并发展起来，亟待在国家层面予以认可、规范，新职业发布制度应运而生。

（2）发布新职业的意义何在?

第一，有利于促进就业创业。随着经济社会发展，不断孕育新业态、产生新职业，国家对这些新职业进行征集、规范，并加以公布，可以提升新职业的社会认同度、公信力，满足人力资源市场的双向选择需要，从而促进劳动者就业创业。第二，有利于引领职业教育培训改革。国家发布新职业，开发相应职业标准，可以为设置职业教育专业和培训项目、确定教学培训内容和开发新教材新课程提供依据和参照，从而实现人才培养和市场对接、与社会需求同步。第三，有利于产业发展。征集并公布新职业，不断完善我国职业分类和职业标准体系，可以为相应产业发展提供风向标，吸引社会投入，促进产业升级和结构调整。

（3）集成电路工程技术人员是新兴的“数字职业”。

1999 年我国第一部职业分类大典颁布，基本建立了适应我国国情的国家职业分类体系。经过第一次修订，颁布了 2015 年版职业分类大典。2021 年 4 月启动国家职业分类大典的第二次修订工作，2022 年 9 月颁布了《中华人民共和国职业分类大典（2022 年版）》。2022 版职业分类大典共标注了 97 个数字职业，占职业总数的 6%，这也反映出数字经济发展带来的职业变化。集成电路也在新的数字职业中占据一席之地。

2. 工作任务和主要岗位

集成电路工程技术人员是一个职业名称，是指从事集成电路需求分析、集成电路架构设计、集成电路详细设计、测试验证、网表设计和版图设计的工程技术人员。2021 年 9 月 29 日，人力资源社会保障部办公厅、工业和信息化部办公厅发布《集成电路工程技术人员国家职业技术技能标准》。

（1）集成电路工程技术人员的主要工作任务包括哪些内容?

1）进行集成电路的算法设计、架构搭建、电路设计、仿真验证、逻辑综合、版图绘制、时序分析、可测性设计、物理验证。

2）开发集成电路制造的光刻、刻蚀、注入、清洗、薄膜、化学机械抛光等工艺环节。

3）进行集成电路的封装设计，分析相关信号的完整性。

4）设计集成电路测试方案，实施测试过程。

5）开发集成电路设计、制造、测试所用电子设计自动化工具，建立仿真模型及特征化工艺参数，并进行数据格式标准化。

（2）设计方向的岗位主要包括哪些?

EDA 软件研发工程师，负责 EDA 工具软件平台的开发工作。

数字设计工程师，负责芯片顶层架构设计及数字模块逻辑功能的实现等工作。

数字后端工程师，负责数字芯片的逻辑综合、布局布线、物理验证等工作。

模拟设计工程师，负责模拟电路、数模混合电路等的架构设计、仿真验证等工作。

版图设计工程师，负责模拟模块版图设计、布局规划等工作。

射频电路设计工程师，负责射频电路架构和电路模块等方面的设计工作。

验证工程师，负责芯片系统及模块的验证工作。

产品工程师，负责产品应用设计、应用工艺优化验证等工作。

嵌入式软件工程师，负责芯片运行嵌入式操作系统、外围硬件设备等开发工作。

近年来，芯片设计产业的飞速发展，让集成电路设计岗位在整个集成电路产业中占据求职者最热赛道。随着 5G、人工智能等新兴产业的发展，设计业职位迅速涌现且增量大于现有人才供给，国内集成电路设计企业的快速发展对人才的需求量更大。其中，模拟设计工程师、数字设计工程师、数字后端工程师、验证工程师和版图设计工程师更为紧缺。

知识链接

集成电路设计是指按照既定的功能要求设计出所需要的电路图，最终的输出结果为掩模版图。我国的集成电路设计产业发展起点较低，但依靠巨大的市场需求和良好的产业政策环境等有利因素，已成为全球集成电路设计产业的新生力量。从产业规模来看，我国大陆集成电路设计行业销售规模从2010年的383亿元增长至2021年的4 519亿元，年均复合增长率约为25.15%；而国内产业链的逐步完善，也为初创芯片设计公司提供了晶圆制造支持，叠加产业资金与政策支持，以及海外人才回流，我国芯片设计公司数量快速增加。据中国半导体行业协会数据显示，自2010年以来，我国芯片设计公司数量大幅提升，2010年仅为582家，2022年增长至3 243家，2010—2022年年均复合增长率约为15.39%。

（3）制造方向的岗位主要包括哪些?

工艺研发工程师，负责芯片制造工艺研发与工艺平台搭建工作。

可靠性工程师，负责产品量产或者客户相关项目的可靠性分析验证等工作。

器件研发工程师，负责器件及模型设计，提交工艺控制计划等工作。

工艺器件设计服务工程师，负责器件问题仿真实验，提出有效的改进方向和实验条件等工作。

工艺集成工程师，负责协调各部门改进和优化工艺等工作。

制造设备工程师，负责制造设备安装调试、日常运维等工作。

光刻工艺工程师，负责光刻工艺的开发和优化等工作。

薄膜工艺工程师，负责薄膜工艺的开发和优化等工作。

刻蚀工艺工程师，负责刻蚀工艺的开发和优化等工作。

扩散工艺工程师，负责扩散工艺的开发和优化等工作。

厂务工程师，负责电气、水系统及监测仪器正常运转等工作。

供应链工程师，负责芯片制造过程中设备物料及成品供应链管理等工作。

集成电路制造是指将设计好的电路图转移到硅片等衬底材料上的环节，即将电路所需要的晶体管、二极管、电阻器和电容器等元件用一定工艺方式制作在一小块硅片、玻璃或陶瓷衬底上，再用适当的工艺进行互连，然后封装在一个管壳内，使整个电路的体积大大缩小，引出线和焊接点的数目也大为减少。

从工艺流程看，集成电路制造工艺一般分为前段和后段。前段工艺一般是指晶体管等器件的制造过程，主要包括隔离、栅结构、源漏、接触孔等形成工艺。后段工艺主要是指形成能将电信号传输到芯片各个器件的互连线，主要包括金属间介质层沉积、金属线条形成、焊盘引出等工艺。

近年来，受益于中芯国际、华虹半导体等国内晶圆代工厂崛起，以及台积电等晶圆代工龙头企业在中国大陆设厂，我国集成电路制造产业市场规模实现快速增长。据中国半导体行业协会数据，2010—2021 年，中国大陆集成电路制造业产业规模从 409.0 亿元增长至 3 176.3 亿元，2010—2021 年年均复合增长率为 20.48%；其中，中芯国际年度营收从 84 亿元增长至

507.57 亿元，2011—2022 年年均复合增长率为 17.77%。

集成电路制造需要上千个步骤，各环节之间的紧密配合与误差控制需要大量经验积累，任何一个步骤的误差都可能导致芯片良率大幅下滑，因此具备极高的技术门槛。除技术外，半导体制造环节也具有极高的资金要求，建设一座晶圆厂的资本开支需要数十亿甚至上百亿美元。极高的技术、资金壁垒导致极高的行业集中度，目前行业呈现台积电一家独大的竞争格局，在制程工艺与市场份额方面保持双重领先。2022 年第四季度台积电实现营收 199.62 亿美元，市场份额高达 58.5%，遥遥领先其他晶圆代工厂商；中国大陆半导体制造业以中芯国际和华虹半导体为代表，近年制程技术不断提升，生产规模持续扩大，实现快速崛起。2022 年第四季度，中芯国际与华虹半导体分别实现营收 16.21 亿美元与 8.82 亿美元，分列全球第五、第六位。

（4）封装方向的岗位主要包括哪些?

先进封装制程工艺工程师，负责执行先进封装工艺制程的维护与管理的各项工作。

先进封装设备工程师，负责执行先进封装设备维护、机台操作、故障处理等工作。

先进封装研发工程师，负责包括晶圆级封装等先进封装新产品技术开发在内的各项工作。

封装制程工艺工程师，负责执行封装工艺制程的维护与管理的各项工作。

封装设备工程师，负责执行封装设备维护、机台操作、故障处理等工作。

封装研发工程师，负责封装新产品技术开发等各项工作。

（5）测试方向的岗位主要包括哪些？

自动测试设备（ATE）工程师，负责测试方案设计、调试电路搭建、功能验证等工作。

晶圆测试工程师，负责晶圆测试计划制定、调试电路搭建、测试程序开发等工作。

成品测试工程师，负责成品测试计划制定、调试电路搭建、测试程序开发等工作。

测试设备工程师，负责测试设备维保、定期校准以及测试程序开发等工作。

近年来，以华为海思为代表的国内集成电路设计企业快速崛起，带动设计产业销售额占比快速提高，销售规模于 2016 年超过封测产业位列第一；中芯国际、华虹半导体等国内晶圆厂的崛起，也带动我国集成电路制造产业市场规模增长，于 2020 年超过封测产业位列第二。附加值更高的集成电路设计、制造产业占比提高，表明我国集成电路产业结构逐步优化，从封测产业一家独大的模式不断发展为集成电路设计、制造与封测三业并举的完整集成电路产业链。集成电路产业的快速发展，对集成电路产业链各环节的从业人员规模和质量都提出更高要求。

集成电路封测

受益于产业转移，我国集成电路封测产业增速高于全球平均水平。封测行业位于半导体生产制造环节的下游，需要大量的设备与人员投入，属于资本密集型、人员密集型产业。与集成电路其他领域相比，封测门槛相对较低，是国内半导体产业链中技术成熟度最高、最容易实现国产替代的领域。过去十余年，在半导体产业转移、人力资源成本优势、税收优惠等因素的促进下，全球集成电路封测产能逐步向亚太地区转移，我国集成电路封测产业起步较早，凭借劳动力成本优势和广阔的下游市场承接了大量封测订单转移，因此发展较为迅速，市场规模稳步增长。近年来，全球集成电路封测产业进入稳步发展期，2014—2021 年行业市场规模年均复合增长率为4.27%，而我国受益于下游智能手机等终端应用的蓬勃发展，封测产业增速领先全球。据中国半导体行业协会数据统计，中国集成电路封测产业年度销售额从 2014 年的 1 256 亿美元增至 2021 年的 2 763 亿美元，2014—2021 年年均复合增长率约为 11.92%，远高于同期全球平均水平，随着下游应用持续发展以及先进封装工艺不断进步，国内封测行业成长空间广阔。

封测为我国集成电路领域最具竞争力的环节，共有 4 家厂商营收进入全球前十。目前我国集成电路领域整体国产自给率较低，尤其是在半导体设备、材料与晶圆制造等环节，与国际领先水平差距较大。近年来，以长电科技为代表的几家国内封测龙头企业通过自主研发和并购重组，在先进封装领域不断发力，现已具备较强的市场竞争力，有能力参与国际市场竞争。2022 年中国大陆有 4 家企业进入全球封测厂商前十名，分别为长电科技、通富微电、华天科技和智路封测，全年营收分列全球第 3、第 4、第 6 和第 7 位。

3. 如何取得国家级“集成电路”人才职称？

在集成电路工程技术人员国家职业标准中，给出了职业概况、基本要求、工作要求以及需要的知识权重表等。

集成电路工程技术人员在专业技术等级上共设三个等级，分别为初级、中级、高级。每一级均对应三个职业方向：集成电路设计、集成电路工艺实现和集成电路封测。

要获得对应的等级，需要经过培训。按照国家职业标准要求参加有关课程培训，完成规定学时，取得学时证明。初级为 128 标准学时，中级为 128 标准学时，高级为 160 标准学时。理论知识培训在标准教室或线上平台进行，专业能力培训则需要在配备相应设备和工具（软件）系统等的实训场所、工作现场或线上平台进行。

在申报相应等级时，除了取得对应级别的培训学时证明，还需要满足一定的条件。表 2-2 给出了申报相应等级所需的条件，满足其一即可申报相应等级。

表 2-2　申报相应等级所需的条件

初级专业技术等级	中级专业技术等级	高级专业技术等级
（1）取得技术员职称 （2）具备相关专业大学本科及以上学历（含在读的应届毕业生） （3）具备相关专业大学专科学历，从事本职业技术工作满 1 年 （4）技工院校毕业生按国家有关规定申报	（1）取得助理工程师职称后，从事本职业技术工作满 2 年 （2）具备大学本科学历，或学士学位，或大学专科学历，取得初级专业技术等级后，从事本职业技术工作满 3 年 （3）具备硕士学位或第二学士学位，取得初级专业技术等级后，从事本职业技术工作满 1 年 （4）具备相关专业博士学位 （5）技工院校毕业生按国家有关规定申报	（1）取得工程师职称后，从事本职业技术工作满 3 年 （2）具备硕士学位，或第二学士学位，或大学本科学历，或学士学位，取得中级专业技术等级后，从事本职业技术工作满 4 年 （3）具备博士学位，取得中级专业技术等级后，从事本职业技术工作满 1 年 （4）技工院校毕业生按国家有关规定申报

在考核方式上，从理论知识和专业能力两个维度对专业技术水平进行考核。各项考核均实行百分制，成绩皆达 60 分（含）以上者为合格。考核合格者获得相应专业技术等级证书。

理论知识考试采用笔试、机考方式进行，主要考查集成电路工程技术人员从事本职业应掌握的基本知识和专业知识。专业能力考核采用方案设计、实际操作等实践考核方式进行，主要考查集成电路工程技术人员从事本职业应具备的实际工作能力。

标准对初级、中级、高级的专业能力要求和相关知识要求依次递进，高级别涵盖低级别的要求。

（1）新职业的工作进展

2021 年 10 月，人力资源社会保障部办公厅印发《专业技术人才知识更新工程数字技术工程师培育项目实施办法》，部署实施数字技术工程师培育项目，以支持战略性新兴产业发展，贯彻落实中央人才工作会议精神，培养数字技术人才，助力数字经济和实体经济深度融合。项目计划在 2021 年至 2030 年，围绕人工智能、物联网、大数据、云计算、数字化管理、智能制造、工业互联网、虚拟现实、区块链、集成电路等数字技术技能领域，每年培养培训数字技术技能人员 8 万人左右，培育壮大高水平数字技术工程师队伍。

依托专业技术人才知识更新工程，人力资源社会保障部依据国家职业标准组织编写新职业培训教程，制定出台配套政策措施，规范开展数字技术人才培养评价工作，加快人才自主培养，壮大数字技术工程师队伍，为引领新兴产业创新升级、促进数字经济与实体经济深度融合、推动经济社会高质量发展提供人才支撑。2023 年 9 月 21 日，根据人力资源社会保障部《关于公布数字技术工程师培育项目第二批评价机构目录的通知》，中国电子技术标准化研究院入选成为数字技术工程师培育项目“集成电路工程技术人员”职业的全国唯一评价机构，将在全国范围内开展集成电路领域数字技术工程师的评价工作。同期，全国各省市人社主管部门遴选出

42家集成电路培训机构，面向地方集成电路产业集群，开展集成电路工程技术人员培训工作，持续推进数字工程师培育项目。

（2）如何获取专业技术等级证书？

1）培训机构按照国家职业标准和培训大纲明确的培训学时、内容和要求，规范开展线上、线下培训，对完成规定学时和内容的学员进行结业考核，颁发培训合格证书。

2）符合国家职业标准规定申报条件的学员，按照申报考核证明事项告知承诺制的有关要求，向评价机构诚实守信地申报相关职业专业技术等级考核。

3）评价机构按照国家职业标准规定的申报条件审核确认报考名单，科学、客观、公正地组织专业技术等级考核，考核合格者获得相应专业技术等级证书。

4）评价机构按照全国统一的编码规则和证书样式，制作并颁发专业技术等级证书（或电子证书，可将社会保障卡作为电子证书的载体）。电子证书与纸质证书具有同等效力。

（3）参加集成电路工程技术人员培训享受哪些优惠政策？

1）专业技术人员参加数字技术工程师培育项目培训活动取得的相应学时记入《专业技术人员继续教育证书》，当年度全国有效。

2）取得高级专业技术等级证书的，可作为申报高级职称评审的重要参考；取得中级、初级专业技术等级证书的，可纳入各地各部门中级、初级职称认定范围。具体职称认定或衔接办法由各地各部门结合实际自行研究制定。

3）取得培训合格证书的，按照有关规定申领职业培训补贴。

4. 集成电路工程技术人员广阔的就业空间

集成电路工程技术人员的工作涉及芯片设计、制造、封装、测试等多个环节，是支撑集成电路产业快速发展的关键力量。随着信息技术的日新月异，集成电路工程技术人员的就业空间越来越广阔。

（1）市场需求旺盛

我国集成电路行业不断提升技术水平和研发能力，能够制造出更高品质的芯片产品。根据国家统计局公布的数据，在 2023 年第一季度，我国集成电路企业的销售收入同比增长 24.2%，整体行业利润增长率达到 14.3%，表明市场需求旺盛。

（2）国家政策支持产业发展

为了推动集成电路产业的发展，国家出台了一系列扶持政策。这些政策不仅为集成电路产业提供了资金支持，还为企业提供了税收优惠、人才培养等多方面的帮助。在这样的政策环境下，集成电路工程技术人员将有更多的机会参与到国家重点项目的研发中，为国家产业的发展做出贡献。

（3）新技术的推动

随着物联网、5G 技术、智能汽车的发展，也将为芯片市场带来大量需求，从而带动集成电路行业的发展。新技术的应用也带来大量的就业需求，尤其是芯片设计、开发、测试、维护等方面的人才需求增加。

（4）行业应用不断拓展

集成电路的应用范围正在不断拓展，从传统的计算机、通信领域，扩展到了汽车、医疗、航空航天等多个领域。随着智能化、信息化趋势的加速，集成电路在这些领域的应用将会更加深入。这将为集成电路工程技术人员提供更多的就业选择和发展机会。

集成电路工程技术人员广阔的就业空间得益于市场需求旺盛、国家政策支持、新技术推动及行业应用拓展等多方面的因素。随着国家对集成电路产业的大力投入，集成电路产业的发展更趋旺盛，行业人员薪酬比较高，相关专业的毕业生毕业后具有广阔的就业前景和光明的发展前途。

集成电路人才培养

1. 高等院校人才培养情况

面对高端芯片被“卡脖子”，集成电路方面的专业人才显得越来越重要，也越来越成为高校培养人才中的重点。这既是解困芯片“卡脖子”的应急措施，也是一项掌握芯片发展主动权和自控权的长远举措。集成电路是智能技术的基础，而智能技术又是未来发展方向，必须首先解决人才问题。从各项举措看，我国正在形成集体攻关、寻求突破、着眼长远的格局。

高校不仅是培养集成电路专业人才的主要途径，也是研究集成电路技术的重要机构。正因为身兼两项重要任务，各高校服从国家需要，在近两年纷纷成立微电子学院，一些高校如清华大学和北京大学都于2021年成立了集成电路学院，还有更多的高校开设了“集成电路设计与集成系统”这个专业，致力于培养集成电路方面的专业人才。从目前的情况看，名牌大学几乎悉数加入这项行动。

集成电路产业关系到经济建设、社会发展、国家安全，具有战略性。针对国内对集成电路设计和系统设计人才的大量需求，我国于 2003 年设立了“集成电路设计与集成系统”专业，2012 年调整为特设专业，现在开设这个专业的本科高校不下百所。

2020 年我国把“集成电路科学与工程”从电子科学与技术中独立出来，设立为一级学科。与此同时，设置了第十四个学科门类——交叉学科，下设集成电路科学与工程和国家安全学两个一级学科。这就构成了学科门类、一级学科、本科专业的完整体系，为集成电路的发展提供了支撑。

（1）国家示范性微电子学院有哪些?

2015 年 7 月，教育部、国家发展改革委、科技部、工业和信息化部、财政部、国家外国专家局联合发文，公布了首批 9 所建设示范性微电子学院的高校名单，分别是北京大学、清华大学、中国科学院大学、复旦大学、西安电子科技大学、上海交通大学、东南大学、浙江大学、电子科技大学。

此外，还支持 19 所高校筹备建设示范性微电子学院。这 28 所高校微电子学院代表了我国高校微电子方面的最高水平，见表 2-3。

表 2-3　28 所国家示范性微电子学院

序号	学校名称	序号	学校名称
1	北京大学	4	复旦大学
2	清华大学	5	西安电子科技大学
3	中国科学院大学	6	上海交通大学

续表

序号	学校名称	序号	学校名称
7	东南大学	18	合肥工业大学
8	浙江大学	19	福州大学
9	电子科技大学	20	山东大学
10	北京航空航天大学	21	华中科技大学
11	北京理工大学	22	国防科学技术大学
12	北京工业大学	23	华南理工大学
13	天津大学	24	中山大学
14	大连理工大学	25	西安交通大学
15	同济大学	26	西北工业大学
16	南京大学	27	厦门大学
17	中国科学技术大学	28	南方科技大学

（2）国家集成电路人才培养基地有哪些?

2003 年，清华大学、北京大学、复旦大学、浙江大学、西安电子科技大学、上海交通大学、东南大学、华中科技大学、电子科技大学 9 所高校经教育部批准，各自设立国家集成电路人才培养基地。其中，清华大学、北京大学、复旦大学、浙江大学、西安电子科技大学 5 所高校由科技部拨付专项经费，其余高校经费自行筹措。

2004 年 8 月，教育部又批准 6 所高校为国家集成电路人才培养基地的建设单位，包括北京航空航天大学、西安交通大学、哈尔滨工业大学、同济大学、华南理工大学和西北工业大学。

2009年6月，教育部再次批准5所高校为国家集成电路人才培养基地的建设单位，包括北京工业大学、大连理工大学、天津大学、中山大学、福州大学。至此，形成了20个国家集成电路人才培养基地。

从高校人才培养现状来看，集成电路人才培养与企业需求存在错位。本科院校设计研发人才培养深度不足，无法满足关键技术攻关人才需求。从高校人才培养方式来看，由于集成电路制造生产环境要求苛刻，高校不具备学生上线实习条件，毕业生很难就业后立刻上手，这在很大程度上制约了集成电路产业人才培养，因此需要高校积极转变培养模式，主动对接市场需求，扩大技能型人才培养。

在培养方式方面，一些高校通过“企业班”形成定制化培养方案，创新性地采用高校教师结合企业人员的双导师制度，加强校企之间合作，采用虚拟现实等方式，提供实训平台和实操场景，满足相关企业或者产业环节的特定需求，为高校集成电路人才培养提供了有益的探索。

2. 职业教育本科及高职专科人才培养

集成电路专业的特点是实践性强、应用性强、实操任务多。集成电路产业链上的企业工作岗位涉及EDA软件的开发与测试、系统设计、算法设计、数字IC设计与验证、模拟IC设计、版图设计、工艺库开发、产品封装、芯片测试等，岗位能力要求更加注重实践性、应用性和技能性，因此，集成电路专业职业教育本科需要改变传统本科的“重知识、轻能力”的人才培养观念，以集成电路企业一线所需要的工程师为培养目标。职业教育本科人才培养应当定位在“技能型”“应用型”层次，真正按照就业导向思想培育高素质应用型集成电路人才，真正实现与普通本科、高职专科集成电路专业人才的分层次培养。

通过转变集成电路专业职业教育本科人才培养观念，以就业为导向，将人才培养定位为“技术技能型”的复合人才，方可有效地进行集成电路专业职业教育本科实践教学模式的探索，构建产教研融合的集成电路专业实践教学课程体系，为培养满足社会需求与创新型人才提供有效途径。

高职专科一般以初级工程师为人才培养目标，主要进行生产制造类、封装测试类等高需求岗位的人才培养。在制造方向培养具备集成电路工艺制程、封装测试、品质管控、生产设备操作与维护能力的技能人才。在封测方向培养集成电路产业发展急需的晶圆测试技师、成品测试技师、批量测试技师和印制电路板（PCB）测试技师等。

3. 人才培养建议

大力推进集成电路领域的产教融合，充分发挥企业在人才培养中的决定性作用，调动高校、职业学院以及社会力量，形成合力，加快中国集成电路高、中、低各层面人才培养。

一是重点推进产教融合，支持国内集成电路企业与高校联合办学，面向产业急需，培养集成电路中高级专业人才。充分发挥和调动集成电路企业及企业家的积极性，在集成电路产业聚集区，促进企业高校联合人才培养计划；鼓励学生进企业研发实习，提前了解企业的研发方向、技术体系等内容；为让企业在联合培养人才方面真正获益，政府可视情况进行支持与补贴。

二是快速推进集成电路领域的网络教育、职业教育和继续教育，规模培养产业所需的研发、生产、测试、应用的专业人才队伍。鼓励企业联合职业院校开办集成电路相关专业；鼓励社会开办第三方教育培训机构对从业人员进行集成电路的专业培训；积极利用新技术、新方法加强网络教育培训，借助全新的诸如慕课等技术手段，开设更多大师课程或者实践教学班；针对师资力量不足的高校，可鼓励其直接购买第三方教育服务。

三是加快开展多层次人才培养。进一步加强高等教育、职业教育和继续教育等多层次、多类型的人才培养，以满足产业发展的多元化需求。同时，推动高校开展集成电路人才本硕博一体化贯通培养，以此培育更多集成电路高层次人才。

四是与企业合作加强集成电路科学普及与应用推广。习近平总书记指出："要把科学普及放在与科技创新同等重要的位置。"应将当前集成电路科学普及重点放在两个群体上：一是针对在校大学生，加强集成电路的通识教育，加强学科交叉，为集成电路产业提供所需复合型人才；二是面向未来，培养和加强青少年群体对集成电路的兴趣，为产业长久持续发展提供高素质的人才队伍。

数字产业篇

第7课

集成电路产业

1. 集成电路产业概述

集成电路是一种微型电子器件或部件。人们采用一定的工艺把一个电路中所需的晶体管、电阻、电容和电感等元件及布线互连在一起，整合到一个或几个小块半导体晶片或介质基片上，然后封装为一个整体，成为具有所需电路功能的微型结构即集成电路，如图 3-1 所示。集成电路的这种整合方式，使电子器件向着微小型化、低功耗、智能化和高可靠性的方向不断地进步和发展。

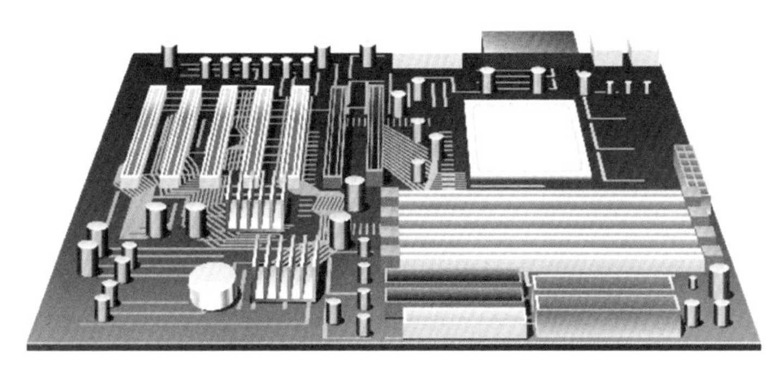

图 3-1　集成电路与电路板

什么是集成电路产业？集成电路产业是以集成电路元件为基础的半导体产业。集成电路产业主要围绕集成电路的设计、制造、封装、测试、设备制造、材料供应等环节。集成电路产业是现代信息技术产业的基础和核心，对于国民经济全领域的发展都具有重要意义。

集成电路和芯片的区别：芯片是集成电路的一种重要类型，专门进行计算、存储等任务的处理。芯片把电子元件小型化，并高度集成在半导体（如硅基）等载体材料上，通常一个芯片可以认为是一个能发挥特定功能的独立整体（如 CPU 芯片），如图 3-2 所示。

图 3-2　芯片

集成电路产业的起点是沙子（SiO_2），终点是凝结了人类最高智慧和科技成果的各种芯片和电子产品，所以这个产业也被称为“点沙成金”。那么，集成电路如何一步一步发展成现在的巨无霸产业呢？

在集成电路诞生的初期，生产和应用集成电路的厂商全部为电子系统厂商，如德州仪器、惠普、IBM 等，集成电路并未真正形成独立的产业。随着以英特尔为代表的 IDM 厂商崛起，它们独自完成集成电路的设计、制造、封测和销售，向所有的电子系统厂商提供产品，集成电路产业开始形成，并且 IDM 模式长时间统治市场。

知识链接

IDM：集成器件制造商，业务涉及从晶圆设计、制造到销售，如 Intel、AMD。

Fabless：只做芯片设计的公司，只设计不生产，如华为海思、飞腾。

Foundry：该词原意为铸造车间，在集成电路产业中称为“代工厂”，只负责芯片制造，如台积电、中芯国际。

Chipless：只设计 IP 的公司，将自己设计的 IP 授权给 Fabless 公司使用，如 ARM。

20 世纪 80 年代，赛灵思开创了 Fabless 的企业模式，同时业界出现了晶圆代工厂（Foundry）专注于晶圆加工，新的模式崭露。但是，在很长一段时间内，代工模式并未普及。随着终端电子产品更新换代周期缩短，工艺技术的快速提升和建厂费用的大幅增加，产品开发成本的压力客观上推动了集成电路代工模式的发展，设计和制造开始分离，这大大释放了产业的活力。代工厂专注于制造工艺的稳健提升，成为整个产业的重要决定力量。设计公司如雨后春笋大量出现，满足了多种业务场景的需要，设计领域进一步分化，出现了以安谋（ARM）为代表的出售 IP 的 Chipless 公司。

集成电路芯片的设计和生产过程采用几百道复杂的工艺，集物理学、材料学、电学、光学、计算机学、数学等人类智慧之大成，把一个电路中所需的晶体管及布线互连形成一个电路，并制作在像指甲盖那么小的一个芯片上。举个形象的例子：指甲盖大小的芯片可以容纳 100 多亿个晶体管，其技术难度之大、要求之高可想而知。那么其研制一定不是靠几个人、几个公司就能完成，而是依靠环环相扣的细分产业链协作完成的。

集成电路产业的演化路径就是产业链分工不断明确的过程，其产业的过程分解如图 3-3 所示，经过几十年的发展逐渐形成了三个最主要的产业分工：集成电路设计、集成电路制造和集成电路封测。

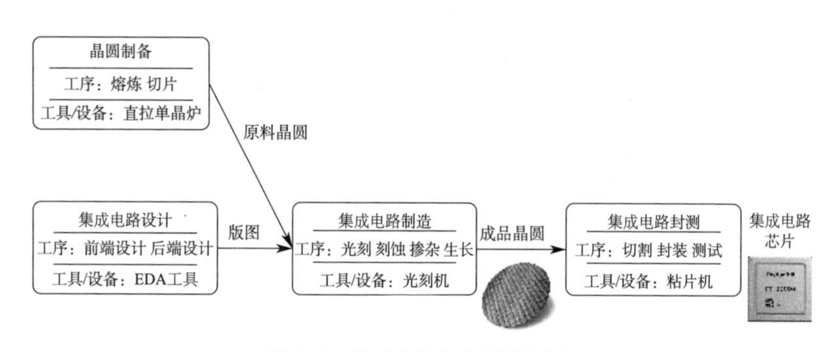

图 3-3　集成电路产业的过程分解

集成电路产业的成长拓展也是这三个领域的产业转移过程。第一次转移为封测领域的转移，美国为了降低生产成本，将技术门槛较低的封测行业转移到亚洲，这使得亚洲现在是封测产业的引领者；第二次转移为制造领域的转移，美国为了解决日欧的贸易壁垒，制造业开始向日本和欧洲转移；第三次转移为设计领域的转移，20 世纪 70 年代，设计领域开始向日本和欧洲转移。20 世纪 80 年代中期，设计领域开始向我国转移。随着代工模式的兴起，制造业在亚洲蓬勃发展，中国和日韩占据全球 70% 的市场份额。正是这一次次的产业转移，集成电路产业成为高度全球化的产业，产业链中的设计、制造、封测环节，以及材料、设备、EDA 软件和 IP 核等领域分布在全球不同的国家和地区，并以极为复杂的形式相互交织和演化，构筑了集成电路产业广阔的应用场景和市场规模。随着我国相关领域的崛起和赶超，以美国为首的西方国家开始进行技术封锁和经济制裁，遏制打压我国集成电路产业的发展，新的产业布局又在悄然变化。

2. 集成电路设计业

集成电路设计就是对亿万个晶体管做“排兵布阵”的工作，使用天量的基础电路单元实现一个个具体的业务系统。集成电路设计工程师是所有晶体管的“帅”，要做到运筹帷幄，决胜千里。在集成电路的设计过程中，上要理解业务需求，下要了解基础电路的原理，才能设计出性能高、功耗低、满足业务需求的芯片产品。

集成电路设计以输出版图（layout）文件为终点。版图中包含芯片中所有晶体管的布局和布线信息，是设计厂商交付流片厂商的输出材料。超大规模集成电路（VLSI）的版图使用专业的 EDA 工具设计制作。

版图设计人员在 EDA 工具的图形界面中采用“所见即所得”的方式，排列晶体管和布线。EDA 工具的单元库保存设计好的电路元器件的集合，版图设计者可以直接从单元库中选择已有的元器件，不需要重复造“轮子”，从而提高设计效率。EDA 工具还提供自动检查功能，可以根据预先指定的设计规则检查版图是否符合预期功能。检查内容包括门电路的位置关系、布线的时序、多层之间的连通性等很多方面。自动检查功能是版图设计者的小助手，可以在很大程度上消除人为引入的错误、提高版图设计成功率。

在集成电路产业中，集成电路设计以门级网表的生成为分界线，之前为前端设计，将门级网表转化为物理版图则为后端设计。

3. 集成电路制造业

集成电路制造业是整个集成电路产业的核心组成，贯穿上游设计、下游封测及设备、材料产业。集成电路制造是集成电路产业中最复杂、最困难的部分。集成电路制造从设计厂商拿到版图开始，在原料晶圆上通过多次光刻、刻蚀、掺杂、生长等加工方式，最终形成成品晶圆。芯片的整个制造步骤有几千步，假设每一步的合格率为 99%，几千个 99% 相乘以后良品率接近 0，而芯片制造的整体良品率必须达到 90% 以上，才可以批量生产，这就要求每一步的合格率达到 99.99% 以上，这对集成电路的生产环境提出了严苛的要求，必须在洁净室系统中进行生产。集成电路设计的空间结构越复杂，制造难度越大，生产时间越长，对于一个 30 层电路的芯片来说，假设生产一层需要 1.5 天，仅晶圆制造就需要一个半月，加上前期准备和后期封测，一个芯片的生产周期需要数月。

集成电路制造步骤可以简单地分为光刻、刻蚀、离子注入和薄膜生长，这些步骤组合重复构成了整体的制造流程。

在产业发展过程中，制程工艺发生了多次挑战，科学家们一次又一次攻克技术难关，将技术不断向前推进。浸没式光刻和鱼鳍式 FET（FinFET）是两个华人科学家在光刻领域做出的重大贡献。

当光刻技术从 193 纳米向 157 纳米演进时，157 纳米的紫外光在空气中被氧分子吸收，无法有效地照射到晶圆上。台积电的林本坚博士给出了浸没式光刻的解决思路。荷兰的阿斯麦公司基于林本坚的建议，在 2003 年推出了浸没式光刻机并成长为行业领头羊。

随着晶体管尺寸的不断缩小，晶体管的关断越来越困难，就像拧不紧的水龙头，并且工艺越先进的晶体管漏电越严重。这成为笼罩整个产业发展的阴云。台积电的胡正明博士给出了改变晶体管结构的解决思路，将导电通道竖立起来，就像鱼背上竖起来的鳍一样。有了“鳍”（fin），晶体管就从平面结构变成了立体结构，这种结构终于让问题得以解决。

4. 集成电路封装测试

集成电路芯片从设计到制造经过漫长的流程，作为精密的产品，晶圆上的芯片小且薄，细微的外力即可能造成产品报废，这时封装测试的意义就体现出来了。封装测试流程是将生产出来的合格晶圆进行切割、焊线、塑封，使芯片电路与外部器件实现电气连接，并为芯片提供机械物理保护，同时利用集成电路设计企业提供的测试工具，对封装完毕的芯片进行功能和性能测试。封装测试分为封装和测试两部分，一般这两个流程在同一个厂家完成，简称封测流程。

封测有着安放、固定、密封、保护芯片和增强电热性能的作用，而且还是沟通芯片内部世界与外部电路的桥梁。芯片上的接点用导线连接到封测外壳的引脚上，这些引脚又通过印制电路板上的导线与其他器件建立连接。集成电路封测是芯片制造的最后环节，为后续的系统集成提供商用的芯片产品，例如，CPU 芯片封测完成后，可以交付整机厂商进行整机生产。

目前，全球集成电路主流封装技术为第三代技术，即球阵列封装（BGA）、芯片级封装（CSP）等。晶圆级封装（WLP）、硅通孔（TSV）、封装内系统（SiP）等新一代技术仍在小规模推广中。为了提升整体性能，未来封装的发展方向可能不再局限于以往的单独代工环节，而是与设计、材料、设备相结合的一体化解决方案，封装与设计、制造的协同发展成为新的趋势。例如，晶圆级封装的出现模糊了制造厂和封装厂之间的界限，晶圆代工厂已经开始涉足先进封装业务。

5. 集成电路产业发展的规律

（1）与时间赛跑的产业

从诞生之初到现在，集成电路产业一直保持高速增长，集成电路性能增速曲线近乎一条指数曲线，这使得集成电路产业成为与时间赛跑的产业。那么，集成电路产业的发展遵循着什么规律呢？

1965 年，戈登·摩尔在一张草稿纸上用几个点表示出了每一年集成电路中的最大晶体管数量，又用一条斜线把这几个点连接起来，从而发现了推动集成电路产业发展至今的规律——摩尔定律。它虽然几经修正，但是总体趋势并没有太大的变化。它虽然被称为“定律”，但是它不像数学、物理定律一样属于自然界的“客观规律”，而只是人们对现象的“主观观察”。摩尔定律就像一支无形的指挥棒，指挥着集成电路产业链上的不同角色按照特定的节奏朝着同一个方向前进。它背后没有更深层次的原因解释，更多的时候，摩尔定律代表了人们对集成电路产业发展的良好期望，并且体现了人们为了保持其发展速度而不懈努力的一种精神。有很多次在面临工程瓶颈时，总会有新的成果突破物理极限，使摩尔定律得到挽救。

随着 MOS 场效晶体管的栅极越来越短，用扩散法制造源极和漏极时越来越难以对准。这时离子注入法出手了，它大幅地提高了加工对准的精度，并替代了扩散法。当湿法刻蚀达到极限后，等离子干法刻蚀接过了接力棒。当手工设计大规模集成电路变得繁杂且不可行后，EDA 工具不失时机地登上了舞台。当传统的 i 线（波长为 365 纳米）紫外光达到极限后，深紫外光（DUV）应运而生。铝互连线发热过大，信号延迟太久，铜互连线技术横空出世，再次挽救了摩尔定律。当光刻 193 纳米到达极限后，浸没式 DUV 再次续命到 7 纳米时代。当制程变得更小的时候，2018 年波长为 13.5 纳米的极紫外光（EUV）接过了接力棒，成了 5 纳米及以下工艺的核心技术。

然而摩尔定律一直面临着这个大限：晶体管尺寸极限。晶体管不可能无限缩小，当晶体管的尺寸达到原子粒度时，量子隧穿效应将变得非常显著，无法精确控制电子的进出，从而无法稳定地表示 1 和 0，数字电路的基础将不复存在。这个大限一定会到来，只是时间早晚问题，这是历史发展的必然。

当集成电路产业发展到足够先进的程度，在一段时期内能够满足社会的需求时，它的发展速度自然会放缓。未来的技术会走向多元化，以满足应用需求，而不是以单一的工程指标作为价值的判断方式，这将引出后摩尔时代。

（2）集成电路的未来：后摩尔时代

现在制程工艺每进步 1 纳米，都需要巨大的投入，而由此获得的收益越来越低，单纯靠提升工艺来提升芯片性能的方法已经无法充分满足时代的需求，所以通过系统性的设计进行性能提升将成为接下来一段时间的主要趋势。

扩展摩尔（more than Moore）是指芯片性能的提升不再靠单纯地堆叠晶体管，而更多地靠电路设计以及系统算法优化；同时，借助先进封装技术，实现异质集成，即把依靠先进工艺实现的数字芯片模块和依靠成熟工艺实现的模拟 / 射频等集成到一起以提升芯片性能。

6. 我国集成电路产业的现状

我国集成电路产业在过去的几十年中经历了快速发展，已经成为全球集成电路市场中的重要一员。目前，我国集成电路产业的规模、技术水平和市场份额都在不断扩大和提高。

首先，从规模上看，我国集成电路产业已经具备了完整的产业链和庞大的企业群体。在我国，从芯片设计、制造到封装测试等环节，都已经有了相当规模的产业布局。同时，我国政府在集成电路产业发展方面给予了大量的政策和资金支持，推动了产业的快速发展。据统计，我国集成电路市场规模已经连续多年保持两位数的增长，成为全球最大的集成电路市场之一。

其次，从技术水平上看，我国集成电路产业在某些领域已经达到了国际先进水平。例如，在 5G 通信、物联网、人工智能等领域，我国集成电路企业已经具备了自主研发和创新能力，推出了一系列具有国际竞争力的产品。此外，我国在晶圆制造、光刻技术等方面也取得了一些重要突破，逐渐缩小了与国际先进水平的差距。

最后，从市场份额上看，我国集成电路产业在全球市场中的地位不断上升。随着我国电子制造业的快速发展和国内市场的不断扩大，我国集成电路产业的市场份额逐年提升。同时，我国集成电路企业也在积极开拓国际市场，通过技术创新和市场拓展不断提升自身的竞争力。

可以说我国集成电路产业在规模、技术水平和市场份额等方面都具备了一定的实力和基础，为未来的发展奠定了坚实的基础。

7. 我国集成电路产业的发展趋势

我国集成电路产业呈现出以下几个方面的发展趋势。

技术创新：随着科学技术水平的不断提高，集成电路技术也在不断进步。未来，我国集成电路产业将不断推出更先进的技术，提升芯片性能，满足不断升级的市场需求。

供应链韧性增强：随着国家对集成电路产业的重视程度不断提高，国内集成电路企业将迎来更多发展机遇。未来，我国集成电路产业将加速增强本土供应链韧性，提高自给率，降低对外依存度。

产业链完善：集成电路产业是一个高度复杂的产业链，未来我国集成电路产业将进一步完善产业链，提高产业链的协同效应，提升整体竞争力。

资本投入加大：随着国家对集成电路产业的支持力度不断加大，以及市场需求不断增长，未来将有更多的资本投入集成电路产业，推动集成电路产业快速发展。

国际化合作：随着全球化的加速，我国集成电路产业将进一步加强与国际企业的合作，共同推动产业发展和技术进步。

政策支持：在政策层面，政府将继续加大对集成电路产业的支持力度，推动产业快速健康发展，通过优化产业环境，加强人才培养和引进，促进科技创新和成果转化等措施，为产业发展提供强有力的政策保障。

8. 我国集成电路产业面临的挑战和机遇

（1）我国集成电路产业在全球竞争中面临的挑战主要有以下几个方面。

技术水平尚有差距：虽然我国集成电路产业在某些领域已经达

到了国际先进水平，但整体来看，与国际顶尖水平仍有一定的差距。这主要体现在高端芯片设计、先进制造工艺、关键设备和材料等方面。

产业链不够完善：尽管我国集成电路产业链已经涵盖了设计、制造、封装测试等环节，但各环节的协同发展和优化仍有待加强。例如，在设计环节，需要进一步提高自主创新能力，减少对国外技术的依赖；在制造环节，需要提升工艺水平和生产效率，降低成本；在封装测试环节，需要提高测试精度和可靠性，确保产品质量。

技术封锁和制裁：全球集成电路产业竞争激烈，国际贸易环境复杂多变。一些国家采取贸易保护主义措施，限制我国集成电路技术引进及产品的进口，给我国集成电路产业带来了较大的挑战。同时，全球集成电路产业链和供应链的调整也给我国集成电路产业带来了一定的冲击。

市场竞争：发达国家在集成电路产业领域拥有许多全球领先的企业，如英特尔、英伟达、三星、高通、苹果等，这些企业在全球范围内占据了较大的市场份额。我国集成电路企业在国际市场上与这些企业竞争时，面临较大的压力和挑战。

知识产权和标准化问题：集成电路产业是知识密集型产业，知识产权和标准化问题对于产业发展至关重要。然而，目前我国在集成电路领域的知识产权保护和标准化工作仍存在一定的不足。这主要体现在专利申请和维权难度大、标准制定和推广滞后等方面。这些问题制约了我国集成电路产业的创新发展和国际竞争力提升。

总的来说，我国集成电路产业在全球竞争中面临的挑战是多方面的，需要政府、企业和社会各界共同努力，加强技术创新、完善产业链、提高创新能力、应对国际贸易挑战、加强知识产权保护和标准化工作等，以推动我国集成电路产业实现高质量发展。

（2）虽然当前集成电路产业的发展仍面对诸多的挑战，但是我国集成电路产业发展也蕴含着巨大的机遇。

首先是政策支持，我国政府对集成电路产业给予了大力支持，包括资金投入、税收优惠、市场开放等方面。例如，2019 年成立了国家集成电路产业投资基金二期股份有限公司（简称国家大基金二期）。国家大基金二期成立以来已经累计对外投资了 40 多家公司，累计投资金额超过 500 亿元。这些资金重点支持了集成电路产业的发展，政策支持给集成电路产业提供了良好的发展环境和机遇。

其次是市场的需求，随着数字化、智能化的发展，全球芯片市场需求不断增长，我国集成电路企业可以抓住国际市场需求的机遇，提升自身技术实力和品牌影响力，开拓市场。另外，国内推出“新基建”战略，大力推动数字化转型，建设“数字中国”也为集成电路产业的发展开启了广阔的空间，例如，5G、物联网、人工智能等新兴技术的发展，为集成电路产业提供了新的应用场景和市场需求。通过大力推动国产集成电路产品对传统产品的替代，将促使行业建成更加完善、安全、可信的技术基础设施，这些建设阶段中对于自主可控芯片产品的使用，对集成电路产品需求也是一个巨大的拉动效应。

最后是集成电路产业链的进步，我国集成电路产业链已经逐步完善，从设计、制造到封装测试等环节都具备了一定的实力。这有助于提高产业的整体竞争力，加速集成电路产业的快速发展。例如，华为海思、飞腾信息、龙芯中科、紫光展锐等企业在芯片设计方面取得了显著进展，中芯国际、华虹半导体等企业在制造工艺方面取得了重要突破，为集成电路产业的发展奠定了坚实的基础，必将带动集成电路产业的整体发展进程和发展水平。

铸就大国重器

白 1958 年全球第一块集成电路板诞生以来，集成电路技术日新月异，产业蓬勃发展，产业格局屡次更迭，集成电路产业成为世界各国科技竞争的核心产业，集成电路产业的各类产品，尤其是高精尖芯片成为影响国计民生的大国重器。让我们跟随我国集成电路产业发展的脚步，看看这些大国重器是如何铸就的。

集成电路产业的发展历程可以追溯到 20 世纪 50 年代，当时美国贝尔实验室发明了晶体管，这是微电子技术发展中的第一个里程碑。随后，美国德州仪器和仙童半导体公司等企业开始探索将多个晶体管集成在一块硅片上，制造出集成电路。随着技术的不断发展，集成电路的规模不断扩大，功能也日益复杂。

在随后的集成电路产业发展过程中，美国一直处于领先地位，同时，欧洲、日本、韩国也在集成电路领域取得了重要进展。

1. 我国集成电路产业发展的三个阶段

（1）起步研究阶段

我国集成电路产业起步较早，仅比美国稍晚，最早起步于 20 世纪 60 年代。以中国科学院半导体所、河北半导体研究所等为代表的许多机构都在这一时期开展了集成电路的研发工作，这些研究机构在 1965 年左右研制出了第一批国产集成电路，开启了我国的集成电路产业历程。

在接下来的发展中，我国的集成电路产业经历了多个阶段。20 世纪 60 年代中期至 70 年代末，我国的集成电路产业主要以计算机和军工配套为目标，并在产业推进中初步积累了与制造相关的设备、仪器、材料的研发经验。

在这一阶段，我国主要依靠自己的力量进行研发，产品以简单的集成电路芯片为主，产业分布还比较分散，整个产业和技术的研发没有形成规模化展开。另外，种种历史原因导致到 20 世纪 80 年代初我国的集成电路技术相对国际先进水平落后 10 年以上。

（2）引进跟随阶段

进入 20 世纪 80 年代后，我国意识到集成电路产业的极度重要性，开始发力。随着技术的不断提升和市场的不断扩大，我国集成电路产业逐渐向高端领域拓展，并开始引进国外先进技术。1978—1990 年，一方面，我国正式引入国外集成电路技术（主要是美国、日本、欧洲），以中外合资的方式在国内设厂，开始量产芯片，以改善集成电路装备水平。我国以消费类电子产品及通信设备作为配套重点，解决了家电配套芯片和部分通信设备用集成电路的国内生产。另一方面，我国科学家在外国技术封锁的情况下坚持研制集成电路中科技水平最高的产品——巨型计算机。

零的突破！银河巨型计算机

巨型计算机，顾名思义是将众多处理器组成一个规模庞大的计算系统，能够执行一般个人计算机无法处理的大量数据与高速运算。

当时国外已经有性能领先的巨型计算机，我国只有性能很落后的普通计算机。当我国提出引进高性能计算机时，外国决定对我国实施技术封锁，提出种种苛刻条件，以防我国拆开计算机进行研究。如果满足这些条件，我国就只能永远跟在外国的屁股后面，永远无法研制出我国自己的巨型计算机。于是，邓小平同志亲自决策要研制出中国的巨型计算机。这副重担最终落在了国防科技大学研究团队的肩上，时任国防科技大学计算机系主任的慈云桂教授担任工程技术总指挥。后来被称为“中国巨型计算机之父”的慈云桂在方案论证会上说：“现在我刚好60岁，就是豁出这条老命，也一定要把我国的巨型计算机搞出来。”开始研制的时候，研究团队遇到了重重困难。首先，由于国外的严密技术封锁，我国能拿到的资料极其匮乏，另外我国的相关产业不完善，缺少很多关键设备和器件。国防科技大学研究团队日夜奋战，开始了中国计算机史上最为壮观的战役！他们潜心钻研，突破了很多技术难关，克服了种种现实困难，圆满完成了国家交给的任务。1983 年年底，我国第一台每秒进行 1 亿次计算的巨型计算机在国防科技大学诞生了，它就是被命名为“银河”的巨型计算机。银河巨型计算机的研制成功标志着中国成为继美国、日本之后能够独立设计和制造巨型计算机的国家。

银河巨型计算机研制成功后，很快就应用于天气预报。使用计算机进行天气预报的基本原理，第一步是使用气象卫星捕捉每一个空间网格的云层和气流运动数据，第二步是通过计算机按照数值计算的专业方法进行大量的计算，得出大气未来的走向，从而完成天气预报。这个过程所处理的数据量很大，需要极高的计算性能。即使是每秒进行 1 亿次运算的银河巨型计算机也只能完成两三天的短期天气预报，但在中长期天气预报计算中就会性能不足。与此同时，西方国家一看封锁失败，只好退而求其次。他们马上放开封锁，同时大幅降价，希望能通过卖巨型计算机给我们而占领我国市场，击垮我国的巨型计算机市场，让我们断了继续研发的念头。

天气预报、石油勘探等应用领域的需求，和西方国家的市场战略，让我国意识到，我们必须马不停蹄继续研究新一代巨型计算机。1987 年，在国防科工委的组织下，银河Ⅱ号开始了方案论证。最终，银河Ⅱ号的研制任务再次落在了国防科技大学的研究团队身上。1992 年年底，银河Ⅱ号巨型计算机在国防科技大学诞生，它的性能达到了每秒进行 10 亿次运算！银河Ⅱ号巨型计算机的成功研制标志着我国高性能计算技术的一大进步。在随后的近十年时间内，在一代代银河人的努力下，国防科技大学研制出了银河Ⅲ号、银河Ⅳ号巨型计算机……，银河系列巨型计算机的成功研制，突破了西方国家的技术封锁，打乱了其市场战略，使我国跻身世界巨型计算机研制国家的行列。同时，在艰苦的研制过程中，一代代银河人用自己的聪明才智和辛勤汗水凝成了“胸怀祖国、团结协作、志在高峰、奋勇拼搏”的银河精神。

1990—2000 年，我国又以 908 工程（1 微米集成电路项目）、909 工程（0.5 微米集成电路生产线）为重点，同样通过技术引进，进行集成度更高的产品研发，从而推进集成电路产业往更先进的技术路线上演进，为整个信息产业服务。通过重点工程建设，不断的技术引进和跟随，我国的集成电路产业得到了快速发展，但是也面临一个问题，即主要技术和设备依赖于引进，因此，无法获得最为先进的技术，整体水平落后世界先进水平。

（3）奋起追赶阶段

进入 21 世纪，我国的集成电路产业继续保持较快发展的态势。国家出台了一系列政策措施，大力推动集成电路产业的发展。我国集成电路产业在技术、设备、人才等方面都取得了长足进步，逐渐缩小了与国际先进水平的差距。

2001 年，科学技术部设立“集成电路专项”，推动我国集成电路产业技术创新和产业发展。

2006 年，我国发布《国家中长期科学和技术发展规划纲要（2006—2020 年）》，将集成电路产业列为重点发展领域。

2009 年，核高基（核心电子器件、高端通用芯片及基础软件产品）重大专项正式实施，旨在推动高端通用芯片和基础软件产品的自主创新和发展，为集成电路产业的发展提供重要支持。

2010 年年底，也就是银河巨型计算机诞生的 27 年后，国防科技大学计算机学院的新一代银河人秉承着银河精神，研制出了“天河一号”超级计算机，在世界上最权威的超级计算机排行榜“全球超级计算机 TOP500”评选中获得冠军！随后的 2013—2015 年，国防科技大学研制的“天河二号”超级计算机连续 6 次蝉联“全球超级计算机 TOP500”冠军（TOP500 每年评定 2 次）!

2014 年，我国成立国家集成电路产业投资基金，加大对集成电路产业的投资力度，推动产业快速发展。该基金规模达 1 500 亿元，重点投资集成电路产业链上下游企业。

2016 年，863 项目神威·太湖之光超级计算机由国家并行计算机工程技术研究中心研制成功，并登顶“全球超级计算机 TOP500”冠军。

2021 年，我国在《中华人民共和国国民经济和社会发展第十四个五年规划和 2035 年远景目标纲要》中提出，要“瞄准人工智能、量子信息、集成电路……前沿领域，实施一批具有前瞻性、战略性的国家重大科技项目”，再次将集成电路产业作为重点领域，进行明确的政策指引。

纵观近几十年的发展历史，我国的研发团队砥砺奋进，勇攀高峰，研制出银河系列巨型计算机、天河系列超级计算机、神威·太湖之光超级计算机，成功铸就了中国的大国重器。

2. 我国集成电路产业的现状

目前，我国的集成电路产业已经具备了较为完整的产业链条，涵盖了集成电路设计、集成电路制造、集成电路封装测试等方面。

（1）在集成电路设计方面

我国是全球规模最大、增长最快的集成电路市场，为集成电路设计企业提供了发展的土壤，带动国内应用生态不断完善。同时受供应链安全问题影响，我国芯片设计业迎来发展机遇。我国集成电路设计产业一直延续了良好的发展态势，设计水平和创新能力稳步提升，应用拓展能力不断加强。

我国集成电路设计企业具备设计 5 纳米等先进工艺节点的数字集成电路芯片的能力，具备设计复杂模拟芯片的能力；可以自行研发中央处理器，可以设计高性能图形处理器和人工智能相关芯片，“卡脖子”的问题进一步缓解。国内集成电路设计企业深耕芯片市场，开始从“被动跟随”向为客户“主动服务”转变，并在一些领域开始引领创新。以海思、飞腾为首的国内中央处理器厂商不断发力，已经能形成有一定竞争力的解决方案；国内众多系统厂商、互联网公司等纷纷成立芯片设计公司或入股芯片设计企业，开始自行研制芯片，成为推动我国集成电路设计产业发展的重要力量。韦尔股份受益于产业升级，互补金属氧化物半导体（CMOS）光学模组业务飞速发展，助推其业绩增长；兆易创新得益于市场需求增加、产品销量增长、产品售价提高、新增产能供应等，存储、多点控制器（MCU）和传感器三大业务收入均实现大幅提升。

EDA 软件是我国集成电路产业比较薄弱的环节，EDA 行业市场集中度较高，全球 EDA 行业主要由新思科技（Synopsys）、楷登电子（Cadence）和西门子 EDA（Siemens EDA）垄断，三家企业大约占据全球市场的 80%。但是国内的 EDA 企业也一直在努力提升，以满足国内部分领域的需求，代表企业有华大九天、概伦电子等。

（2）在集成电路制造方面

自 2014 年《国家集成电路产业发展推进纲要》出台以来，国内集成电路制造产业持续高速发展，产业规模和研发能力不断提升。最近几年，国内新建和扩产多条生产线，产能呈现快速增长态势。截至 2021 年年底，我国已建成投产的 12 英寸晶圆制造生产线总计产能约为 120 万片 / 月。从生产线分布来看，国内集成电路生产线主要集中在长江三角洲，中西部地区和珠江三角洲陆续有生产线投产，产能比重有所提升。12 英寸晶圆制造生产线工艺制程主要覆盖 90～14 纳米，8 英寸晶圆制造生产线工艺制程主要覆盖 0.25 微米～90 纳米。

在逻辑代工方面，中芯国际自 2019 年年底宣布 14 纳米制程生产线进入量产后，2020 年、2021 年逐步提升产能。2021 年，中芯国际宣布在北京、上海、深圳建 28 纳米制程工厂，完善工艺平台，满足市场需求。在存储器技术方面，长鑫存储推出 19 纳米动态随机存储器（DRAM）产品并加快产能提升，长江存储 128 层 3D NAND[①] 成功实现商用，与国际先进水平差距逐步缩小。

全球集成电路制造主要集中在中国、日本和韩国。从 2015 年起，台积电积极扩建 12 英寸晶圆厂，产能成为全球最高。由于集成电路制程线宽不断缩小，制造厂商的工艺研发难度不断提升，能够负担先进工艺高额投资的厂商越来越少，7 纳米工艺领域仅剩台积电、三星、英特尔实现量产。在 2021 年全球排名前十位的纯代工厂商中，有 5 家中国台湾地区厂商，分别是台积电、联电、力积电、世界先进、稳懋。中国大陆企业中芯国际、华虹集团位列第四和第五。

台积电是全球最大的集成电路制造服务厂商，拥有业界最完整、最先进的制程工艺和特殊制程技术，涵盖车规级芯片、高效能运算、物联网与智能手机等多个领域。受限于美国的政策制约，台积电能为中国大陆提供的制程工艺受到管制。中芯国际是中国大陆规模最大、工艺技术最先进的集成电路芯片制造企业。中芯国际的中国内地及中国香港业务收入占业务收入的绝大部分，其智能手机类应用收入占营业收入的 1/3 左右。

---

① 3D NAND 是英特尔和美光的合资企业所研发的一种新兴的闪存类型。

（3）在集成电路封装测试方面

纵观全球集成电路封装测试市场，中国大陆和中国台湾地区营业收入约为全球市场的 60%。

中国台湾地区聚集了日月光、力成、欣邦等一批全球最具竞争力的集成电路封装测试专业代工企业，台积电的先进封装技术更推动了全球“超摩尔技术”的创新突破。中国大陆在封装测试领域起步早，发展快，目前已经达到世界领先水平，长电科技、通富微电、华天科技等封装测试龙头企业均已在企业规模上稳居全球前十行列，依靠企业技术研发与海外优质标的并购，已掌握全球领先的封装测试技术。我国已经形成长江三角洲、京津冀环渤海湾、珠江三角洲、西部地区等行业集聚区。其中，长江三角洲集聚效应明显，是国内封装测试产业乃至集成电路产业最发达的地区，不仅拥有长电科技、通富微电、晶方科技、华天科技（昆山）等本地龙头企业，还吸引了日月光等企业投资建厂，汇聚了我国集成电路封装测试产业约 55% 的产值。

在芯片小型化、高集成化的发展趋势下，先进封装技术是全球封装测试产业竞逐的焦点，我国先进封装技术由长电科技、通富微电、华天科技、晶方科技等企业掌握，封装形式覆盖封装内系统（SiP）、单片系统（SoC）、2.5D/3D 等，封装技术囊括 WLP（包括 Fan-In 和 Fan-Out）、TSV、Bumping、Flip Chip 等。例如，长电科技推出 XDFOI 全系列极高密度扇出型封装解决方案，成为全球封装测试技术创新的焦点之一；通富微电在高性能计算领域建成了国内顶级 2.5D/3D 封装平台（VISionS）及超大尺寸 FCBGA 研发平台，且完成了高层数再布线技术的开发。

3. 我国集成电路产业现状的剖析

纵观我国目前的集成电路产业三大环节的情况，从产业属性维度剖析我国集成电路产业的现状如下。

（1）从技术水平提升上

我国集成电路企业不断加大技术研发投入，引进国际先进技术，加强人才培养和自主创新，已经取得了一系列重要突破。在某些领域，如微机电系统（MEMS）传感器、存储器等，我国集成电路企业已经具备了国际竞争力。

（2）从制造工艺进步上

我国集成电路企业在制造工艺方面已经具备了14纳米工艺量产的能力，并在推进7纳米工艺的研发。同时，我国在封装测试方面也具备了较高水平，能够满足国内外市场的需求。

（3）从产业链完善程度上

我国集成电路产业已经形成了较为完整的产业链，从芯片设计、制造到封装测试等环节都具备了较强的实力。这种完整的产业链优势让整个行业没有明显的短板，有利于行业企业间的协同发展，提高了整个产业的竞争力。

（4）从市场规模体量上

我国是全球重要的集成电路市场之一，随着经济的发展和消费者需求的升级，市场规模不断扩大。我国集成电路企业通过满足国内市场需求，加强与国内客户的合作，不断提高产品的质量和品牌影响力，逐渐扩大了在国际市场中的份额。

总的来说，我国集成电路产业经历了从无到有、从小到大、从弱到强的历程。虽然在发展过程中面临诸多挑战和困难，但我国的集成电路产业一直在不断进步和发展。

4. 我国集成电路产业发展历程中的重要事件

在我国集成电路产业发展历程中，发生的一系列重要事件如下（按照时间顺序）。

20世纪60年代：我国开始探索集成电路的研发，开启了集成电路产业历程。

1978年：我国开始引进美国技术，改善集成电路装备水平。

1983年：银河巨型计算机在国防科技大学诞生，运行速度为每秒进行1亿次运算。

1992年：银河Ⅱ号巨型计算机在国防科技大学诞生，运行速度为每秒进行10亿次运算。

1990年：我国实施“908工程”，重点发展集成电路设计、封装、测试等关键技术，标志着我国集成电路产业进入快速发展阶段。

1993年：我国集成电路设计中心成立，推动集成电路设计产业的发展。

2000年：我国实施“909工程”，重点建设国内第一个8英寸集成电路生产线，标志着我国集成电路制造能力得到进一步提升。

2001 年：科学技术部设立“集成电路专项”，推动我国集成电路产业技术创新和产业发展。

2006 年：我国发布《国家中长期科学和技术发展规划纲要（2006—2020 年）》，将集成电路产业列为重点发展领域。

2008 年：国家科技重大专项“极大规模集成电路制造装备及成套工艺”项目启动，推动我国集成电路制造技术的自主创新。

2009 年：核高基（核心电子器件、高端通用芯片及基础软件产品）重大专项正式实施，旨在推动高端通用芯片和基础软件产品的自主创新和发展，为集成电路产业的发展提供重要支持。

2010 年：国防科技大学研制的“天河一号”超级计算机获得“全球超级计算机 TOP500”的冠军。

2013 年：国防科技大学研制的“天河二号”超级计算机获得“全球超级计算机 TOP500”的冠军，直到 2015 年，“天河二号”超级计算机连续 6 次蝉联“全球超级计算机 TOP500”冠军（TOP500 每年评定 2 次）。

2014 年：我国成立国家集成电路产业投资基金，加大对集成电路产业的投资力度，推动产业快速发展。该基金规模达 1 500 亿元，重点投资集成电路产业链上下游企业。

2015 年：我国发布《中国制造 2025》，将集成电路产业列为重点发展领域，提出到 2020 年，掌握先进工艺，形成配套体系，实现自主创新能力的整体提升。该计划旨在加快推进制造业转型升级和提质增效，助力实现制造强国的目标。

2016年：863项目神威·太湖之光超级计算机由国家并行计算机工程技术研究中心研制成功，并登顶“全球超级计算机TOP500”冠军。

2018年：财政部、税务总局发布《关于集成电路生产企业有关企业所得税政策问题的通知》，为集成电路产业提供税收优惠政策，进一步推动产业发展。该政策对符合条件的集成电路生产企业实行企业所得税“五免五减半”的优惠政策，即自获利年度起，前五年免征企业所得税，后五年减半征收企业所得税。

2021年：我国在《中华人民共和国国民经济和社会发展第十四个五年规划和2035年远景目标纲要》中提出，要“瞄准人工智能、量子信息、集成电路……前沿领域，实施一批具有前瞻性、战略性的国家重大科技项目”，再次将集成电路作为重点领域，进行明确的政策指引。

这些重要事件和政策措施是我国集成电路产业发展历程中的重要里程碑，标志着我国在集成电路领域的技术水平、产业规模和市场应用等方面的不断进步和发展。通过不断的技术创新和政策支持，我国集成电路产业将继续保持快速发展态势，为经济社会的可持续发展做出重要贡献。

芯片与千行百业

1. 生活中的芯片

提起集成电路产业，就必然提起芯片。看似微小的一个芯片，实则扮演着举足轻重的角色。芯片是电子信息产业的核心基础和关键，是国家科技实力和国际竞争力的重要体现，在我们的生活中和关乎国计民生的千行百业中都有非常广泛的应用。

在人们的生活中，芯片几乎无处不在，与工作和生活的关系密切，它已经成为现代科技社会的基础。

早上，芯片控制计时和鸣叫的闹钟把人们叫醒。在轨道交通方面，地铁站闸机进站也是由芯片识别乘客的二维码或交通卡完成的；在汽车出行方面，车载导航、行车记录仪等设备中的芯片使得人们能够轻松规划出行路线、掌握路况信息，提高了出行的安全性。到了办公楼，芯片控制着电梯的上下行。在工作中，我们使用各种智能设备，如计算机、手机等来整理工作资料，这些设备中都含有芯片。另外，在工作环境中，芯片还控制着各种工作设备的运行，帮助我们提升工作效率。例如，坐在办公桌前，打开计算机开始一天的工作，计算机里的芯片将根据人们的要求完成各种计算、存储和输入输出的操作；在流水线前，芯片监控工作流程，为整个工序的安全和正确提供支持。在工作之余，手机芯片能让人们与朋友在社交软件上聊天、分享视频。下班后在超市买菜，芯片会计算账单和扣款。回到家，智能家居设备如智能电视、智能音响、智能门锁等都内置了芯片，可以实现远程控制、语音识别、自动感应等功能，使我们的生活更加便利和舒适，例如，智能电视中的芯片解码播放高清的奥运会赛事。睡觉前，人们在电饭锅上设置预约煮饭，第二天清晨锅内的芯片就按照程序开始煮饭了……

上面这一天，从简单的芯片到非常复杂的芯片，人们时时处处都在与各种各样的芯片打交道。在这些芯片中，CPU 芯片是最复杂的，也是最体现高精尖科技水平的。CPU 芯片是一块超大规模的集成电路，是计算机的计算核心和控制核心，在整个系统中处于最重要的地位，就像人的大脑，因此，CPU 被称为“集成电路产业皇冠上的明珠”。

在早期，由于软硬件的高度耦合，计算逻辑被固化在电路板上。一旦需要修改程序，就必须重新组装电路板，这极大地影响了编程效率。后来演进出新的设计理念，其核心在于将计算机的硬件和软件分离开来，使得软件可以独立于硬件进行开发和更新，从而大大提高了编程的效率和灵活性。基于这一理念，CPU 被设计出来。

世界上功能最强大、计算能力最强的计算机称为超级计算机，其内部有大量的 CPU 芯片在协同工作。超级计算机和人们的生活息息相关，例如，气象预报就需要对海量的气象数据进行大规模计算，这就需要用到超级计算机的超强能力。

现在的 CPU 芯片应用非常广泛。人们在机房能看到的服务器以及日常使用的台式计算机、笔记本计算机、平板计算机的核心部件都是 CPU。早在 20 世纪的个人计算机（PC）时代，英特尔和 AMD 等公司研发出了 X86 架构的 CPU，迅速占领了计算机市场；21 世纪后，进入移动互联网时代，国内的华为、飞腾等公司，国外的苹果、亚马逊等公司研发出功能强大的 ARM 架构 CPU，以满足人们对功能、性能、功耗、集成度日益增长的需求。当前，人们生活中的支付结算、证券交易等任务通常由服务器级 CPU 完成，而办公、上网、视频播放、运行计算机游戏等任务通常是由桌面级 CPU 完成的。

2. 芯片与数字化浪潮

2021 年 3 月 11 日，十三届全国人大四次会议表决通过了关于国民经济和社会发展第十四个五年规划和 2035 年远景目标纲要的决议。“十四五”规划的第五篇“加快数字化发展　建设数字中国”中提出“加快建设数字经济、数字社会、数字政府，以数字化转型整体驱动生产方式、生活方式和治理方式变革”。在国家战略的指引下，我国开启了产业数字化和数字产业化的新篇章。

如同发展传统经济要先把基础设施建设好一样，在数字化发展中，首先也要做好新型基础设施的建设，即信息基础设施建设。各种产业中数据、信号的数字化、计算处理、存储和传输都必须依靠

CPU 芯片、GPU 芯片、存储芯片、通信芯片等各类芯片，因此在数字化浪潮中，芯片筑牢了信息基础设施的算力底座，在千行百业的数字化进程中，芯片都起到了至关重要的作用。芯片作为现代信息技术的核心，已经成为许多产业发展的关键因素。

首先，芯片是电子信息产业的基础。电子信息产业是当今世界经济发展的重要引擎，而芯片则是电子信息产业的核心组成部分。芯片的应用范围涵盖了计算机、通信、消费电子、汽车电子、工业控制等众多领域。随着电子信息产业的不断发展，芯片的规模和性能也在不断提升，为整个电子信息产业的进步提供了重要的支撑。

其次，芯片在人工智能、物联网、5G 等新兴领域中发挥着关键作用。人工智能、物联网、5G 等新兴领域是未来发展的重要方向，而这些领域的核心都是基于芯片技术。芯片作为数据处理和传输的核心组件，其性能和功能直接决定了这些新兴领域的发展速度和应用范围。随着这些新兴领域的不断发展，芯片技术也在不断进步，为整个产业的创新提供了源源不断的动力。

此外，芯片在传统产业中也发挥着重要作用。传统产业如机械、化工、纺织等，通过引入芯片技术，可以实现自动化控制、智能化生产、信息化管理等方面的升级，提高生产效率、降低成本、增强竞争力。下面让我们从不同产业的角度看看芯片的重要作用。

（1）政务办公

经过多年的技术积累和市场迭代，目前政务办公领域已经不再是英特尔等国外 CPU 芯片的天下。我国自主研发的 CPU 芯片在政务办公领域广泛应用，占据了近年来的大部分市场份额，能满足文字处理、电子公文流转、政务管理、视讯等日常办公需求。国产CPU 搭配国产操作系统（OS）和国产应用，甚至与键盘、鼠标器、打印机、扫描仪、高拍仪等外部设备也实现了适配，实现了全要素的国产化，更好地保障信息安全。截至 2023 年，国产 CPU 芯片已经在全国 30 多个省市地区和 100 多个部委单位部署应用，覆盖了政务办公、电子政务、数字政府的核心应用领域。

（2）电力行业

电力行业是关乎国家生产和人民生活正常运转的关键行业，对于芯片的稳定性和安全性要求非常高。目前，国产 CPU 芯片、PLC 芯片已全面进入国家电网、南方电网的服务器和终端应用，在输电、变电、配电业务全流程中，打造了继电保护、测控装置等数十款电力专用设备。在发电领域，分散控制系统（DCS）是确保稳定供电的关键设备，也是保障电网安全运行的重要基础。国产CPU 芯片为国产 DCS 提供核心算力，是其最关键部件，其安全性和稳定性可以从源头上消除电力网络安全的重大隐患。在风力发电领域，基于国产 PLC 芯片的产品已经在 2.0 兆瓦风力发电机组中落地，保障了风力发电机组的稳定运行。目前，搭载了国产 CPU 芯片的首套百分之百全国产化 100 万千瓦级分散控制系统已经在多家电厂成功投运。

（3）能源行业

在能源行业，中石化、中石油、中海油、国家管网等央企均已开始采用搭载国产 CPU 芯片的服务器和计算终端，支撑综合办公、经营管理、生产运营三大系统运行。例如，澳门城市燃气管网综合监控系统首次使用我国自主研发的技术设备，于 2021 年 12 月上线，目前正服务于澳门居民。该监控系统共 22 个站点，每个站点设有一套国产 PLC 芯片，用于对阀门压力、流量进行数据采集，打破了长期以来对外国技术依赖性强的被动局面，深化了澳门与内地科创合作关系，为保障国家能源安全做出贡献。

（4）交通行业

交通行业是一个国家的重要基础。目前，国产芯片厂商联合生态伙伴持续推出交通行业解决方案，推进高铁、地铁、民航、公路等领域的设备开发与信息化建设。国产 CPU 芯片、传感器芯片、驱动芯片已经在高铁列车核心控制装备、通信信号系统以及地铁售检票系统实现应用，进入列控、列调等方向的核心装备。在地铁方面，这些核心装备覆盖车载、轨旁、车站、地铁工程装备等应用场景。在民航方面，空管自动化系统已经完成国产芯片适配，白云机场旅客服务设备已投入使用。在公路方面，基于国产芯片的高速站端收费系统、ETC 门架收费系统、隧道核心机电控制系统已试点上线。

（5）电信行业

在电信行业，国产芯片已入围中国移动、中国电信、中国联通的 PC、服务器和网安产品采购。目前，国内芯片研发厂商与中国移动合作定制的 5G 专用 CPU 芯片已经在多省的 5G 基站开展试点。在5G核心网，国产CPU芯片依托计算性能和扩展能力，为控制面和用户面网元提供更好的支持，助力国产5G核心网基础设施加速落地。在5G接入侧，也已经构建了白盒5G基站解决方案，与现场可编程门阵列（FPGA）卡配合可实现多个小区的用户覆盖，将显著提升5G基站对区域和用户的接入能力。在5G移动边缘计算，服务器搭载边缘云平台，将用户面功能（UPF）网元下沉，实现用户就近服务，可大幅提升服务能力和服务质量。

进入21世纪以来，互联网浪潮席卷全球，每一秒都有海量数据在网络上传输，电信业务对通信网络的高带宽、低延迟提出极高要求，整个通信业务系统需要计算类芯片和通信类芯片协同配合，通信芯片主要负责数据传输，因此，极大地影响了整个网络的性能表现。目前，国产通信芯片已经应用在多种类型的网络交换机、路由器中。从服务器机房到千家万户，只要有网络的地方，就有通信芯片寻找通信路径，并遵循网络传输协议将大量的数据从产生端发送到消费端。

（6）金融行业

在各大行业中，金融行业对安全性、可靠性、高效性的要求非常高，国产芯片已应用在金融行业的办公系统、核心业务系统和金融机具中。目前在国有六大银行中均有相应国产CPU芯片产品入围，并成为主流路线。国产CPU芯片的硬件扩展接口和内置的可信计算能力也满足了金融行业对终端和金融机具安全可信的要求。

除了金融业务系统，芯片在各种金融机具领域也有广泛的应用，在各银行的存储款机、制卡机、读卡机等机具上均有应用。例如，基于国产CPU芯片的金融自助设备专用工控机，针对金融行业的需求，配备了更多显示接口，通过一台工控机可以实现对更多显示设备的控制，体现了国产CPU芯片的硬件扩展接口和内置的可信计算能力。再如，基于国产CPU芯片的金融制卡机已用于银行制卡业务。

（7）医疗行业

近年来，国产芯片已经进入了国家和地方卫健委。在医疗信息化领域，芯片通过服务器、云桌面整机、医疗自助机，电子病历（EMR）、影像存储与传输系统（PACS）、院内集成平台、院内数据中心、患者自助服务系统等系统建设已经走入全国各地多家三甲医院，并参与了县域医共体、区域影像中心、全民健康信息平台、区域健康医疗大数据中心项目。在医疗器械领域，多个头部医疗器械厂商已经启动基于国产芯片开展大型和小型医疗器械的软硬件研发工作，正在研发全国产化的医疗器械产品。

（8）工业生产领域

自从流水线被发明以来，工业的进步一直走在时代的前列。当前，工业生产已经进入自动化、数字化时代。在如今的工业生产中，离不开CPU芯片、MCU芯片、PLC芯片、FPGA芯片、传感器芯片、驱动芯片等各种芯片。它们在工业产线中无处不在，例如，传感器芯片将光、声等信息转变成电信号进行输出，就像让生产线有了感官，从而完成生产线上的监控、检测任务；数控机床和工业机器人中CPU芯片、MCU芯片、PLC芯片、FPGA芯片等新品大显身手，按照设计图将各类零件自动加工出来。

此外，在教育、科研等众多关系到国计民生的领域，芯片也发挥了越来越大的作用，为我国数字化发展构筑了坚实的基础。

习近平总书记在党的二十大上对于科技自立自强做出了指示，要“集聚力量进行原创性引领性科技攻关，坚决打赢关键核心技术攻坚战”。当前，集成电路产业正在聚集资金、人才、技术和生态的全方位支持，在数字化的浪潮中，赋能千行百业，让人们安居乐业。

数字未来篇

中国集成电路未来技术发展

1. 先进材料及器件

集成电路技术中的先进材料种类很多，有光敏材料、芯片黏接材料、包封保护材料、热界面材料及电镀材料等多种材料，在这些材料当中着重介绍一下光敏材料。

光敏材料是一种对于特定波段的光辐射敏感的材料，它可以吸收光子能量从而发生光敏反应，随后引发相应物质结构、光学特性改变。光敏材料一般可以分为两类，一种是光敏绝缘介质材料，另一种是光阻材料。其中，光敏绝缘介质材料属于集成电路制造工业中的主材料，它在经过工艺加工后依然可以被保留在器件上，随后通过光刻工艺来制造器件中必要的图形和结构，比如电路；它还可以作为绝缘层或介质层存在，在这之中起到保护信号完整性、减少信号在传输过程中损耗的作用。光阻材料属于辅材料，它只是器件加工工艺过程中的耗材，主要作为光刻工艺过程中的掩模版来制造金属导电线路的图形结构，工艺过程结束之后会采用剥离工艺将其去除，最后不会保留在器件上，如图 4-1 所示，这也是光阻材料和光敏绝缘介质材料的主要区别。下面主要介绍光敏绝缘介质材料。

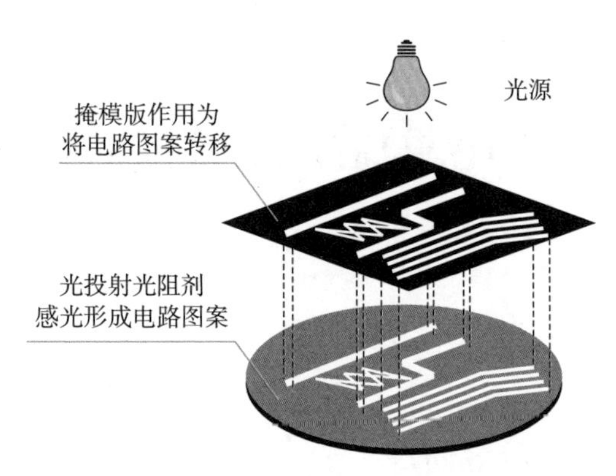

图 4-1　利用光阻剂转移半导体电路图案的概念图

芯片封装的主要作用有以下五个：一是使芯片与电路之间流通电流，减少电源的不必要损耗；二是分配信号，考虑信号线与芯片之间的互连路径，使信号延时尽可能减小；三是将芯片产生的热量散发出去，以保证系统温度能正常维持在工作温度范围内；四是为芯片及其他组件提供牢固可靠的机械支撑；五是使得内部芯片的各项参数不受环境的影响。

在集成电路先进封装中，光敏绝缘介质材料作为主要的介质材料，主要用在扇出型圆片级封装、圆片级芯片封装、集成无源器件圆片级封装上，同时它也可以用作芯片的机械支撑材料。可以说，所有类型的圆片级封装产品都需要使用光敏绝缘介质材料来制造介质层。这里所说的圆片级封装，其实指的就是在硅片上依照类似半导体前段的工艺，通过光刻、薄膜、电镀、干湿法刻蚀等工艺来完成封装和测试等步骤，最后对晶圆进行切割，制造出单个封装成品——芯片。

目前，应用于集成电路先进封装的光敏绝缘介质材料主要为光敏聚酰亚胺和苯并环丁烯两类材料，这两类材料各自具有其明显的优缺点。光敏聚酰亚胺是一类主链结构上同时连接亚胺环及光敏基团的高分子聚合物，它的稳定性比较优异，还具有机械性能、电气性能、化学性能和感光性能良好等诸多优点。光敏聚酰亚胺材料的主要优势在于它的高温稳定性较好、具有良好的机械性能和较高的玻璃转化温度，在封装实际应用中，该类材料一般需要通过 200 ℃及以上的高温进行固化。同时，光敏聚酰亚胺具有较高的化学收缩率和较好的吸潮性能，这也意味着它不惧潮湿环境。

传统的光敏聚酰亚胺并不具备光敏性，换句话说，就是它对于特定波段的光并不敏感，因此，如果有图形化需求，就需要将其与光刻胶配合使用，其基本方法简单来说就是：首先，在光敏聚酰亚胺膜上涂上一层光刻胶，刻出光刻胶图形，然后用光刻胶图形作为光刻掩蔽层，继续刻蚀下一层的光敏聚酰亚胺膜，将光刻胶去除之后，就可以在光敏聚酰亚胺膜上留下光刻胶图形。在使用了光敏聚酰亚胺之后，以光敏聚酰亚胺为基质配制成的光刻胶可以直接光刻成型，因此，不需要再次使用光刻胶，这样做既节省了时间，又节约了成本。同时，光敏聚酰亚胺还是介电材料，介电材料是一类在电场中能够极化并存储电荷的材料，在电子学和电工应用中起着重要的作用。介电材料通常具有高电阻性，这意味着它们对电流的导通性很低。介电材料的主要特性是其对电场的响应，其中一个关键参数是相对介电常数（也称为介电常数或电容率）。介电常数越大，材料在电场中的极化效应越强。这就大大简化了集成电路的制造工艺，同时提高了光刻胶图形的精确程度。

另外一种光敏绝缘介质材料是苯并环丁烯，苯并环丁烯是陶氏化学（一家多元化学公司）开发的一种先进的电子干法刻蚀树脂，它是通过在高分子单体中引入一定量的硅烷基团而形成的材料，这是一种十分具有创新性的设计，这种材料的构成使得苯并环丁烯作为一种有机材料甚至拥有接近无机材料的性能，例如，化学性能较稳定、可耐高温、与硅衬底热失配小和机械强度高等。

与光敏聚酰亚胺类似，苯并环丁烯也具有多种多样的分类，根据感光性质的不同可以将其分为光敏苯并环丁烯与非光敏苯并环丁烯两大类，科学家们在集成电路领域内常用的是光敏苯并环丁烯，光敏苯并环丁烯是专门为了绝缘薄膜封装设计而开发的苯并环丁烯材料，也是大多数设计者在圆片级封装制造中再布线层材料的主要选择和最先考虑的选项。

对于光敏绝缘介质材料的要求，除基本的材料特性和工艺上的易操作性外，还应该从材料应用角度进行考量，简单来说，就是所采用的材料必须足够结实，不能轻易地发生损坏。其中最主要的要求就是可靠性，要求所应用的材料能够通过电子元器件可靠性试验中的高低温循环和跌落试验考核，也就是说，所应用的材料必须耐高温、耐低温，强度也要足够高才行，因此，材料必须有优异的拉伸机械性能和抗断裂性能。

2. 先进封装及测试

在生活中说起封装，字面意思就是将物品装进容器再密封起来，举例来说就是把东西放进箱子，然后用胶带把箱子给封起来，箱子起到的最大作用是储存和保护，它将里面的物品与外面的环境分隔开来。但在芯片封装中，所用到的“箱子”有着更大的作用。这里所说的“箱子”，其实指的是安装集成电路芯片所用到的外壳，它不仅起着固定、安置、密封、保护芯片免受外界环境损害和增强导热性能的作用，还是将芯片内部与外部电路连接起来的重要桥梁——芯片上的各个接点可以由导线连接到封装外壳的引脚上，这些引脚又通过印制电路板上的导线与其他的外部器件建立连接，从而起到将芯片内外连接在一起的作用，如图 4-2 所示。

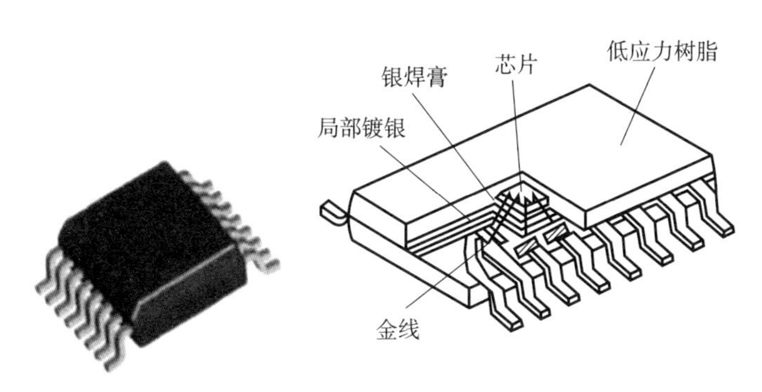

图 4-2　芯片封装

芯片的封装可以分为三个层次，分别是一级封装（片级封装）、二级封装（板级封装）和三级封装（系统级封装）。其实除了这些，还有一个零级封装，它的主要作用是通过互连技术将集成电路芯片焊区与各级封装的焊区连接起来，也就是让芯片能够单纯地通过外壳与外界产生交流，因此，零级封装也被称为芯片互连级封装。

随着集成电路产业链的延伸以及集成电路技术的发展，芯片封装在未来也会有着许多的发展方向和不同的发展趋势。接下来介绍芯片的未来封装技术。

未来封装技术主要有以下三大趋势：由有封装向少封装和无封装发展、无源器件走向集成化和 3D 封装技术。其中，3D 封装技术更是未来芯片封装技术发展的大势所趋。之前所说的圆片级封装，其实也是未来先进封装技术中的一种，它的优点是封装工艺得到了简化，封装尺寸较小。除此之外，还有一种封装技术叫作系统级封装，也被称为片上系统，它的意思是将实现一个系统功能所需要的各个模块集成到一个芯片上。这也意味着片上系统在单个芯片上就能完成整个电子系统的功能。

集成电路产业的飞速发展使得电子整机产品实现了从大型转向小型、从厚型转向薄型、从低性能转向高性能、从单功能转向多功能、从低可靠性转向高可靠性和从高成本转向低成本的变化，这种发展趋势使得对集成电路封装密度的需求急剧增加，传统的封装形式如引线框架型封装以及基于引线键合的球栅阵列封装已经难以满足现在的电子产品的芯片需求，以倒装芯片封装、圆片级封装及基于硅通孔技术的三维集成和系统级封装等为代表的先进封装技术正得到国家的支持并获得了快速的发展，这些技术可以提升元器件系统的工作性能，满足元器件对于封装的需求，它们的产品市场正在快速扩大，在未来有着更大的发展空间，可以说是大有可为。

接下来介绍一下倒装芯片封装，它是一种基于凸点结构实现芯片与芯片载体（基板等）互连的封装形式，如图 4-3 所示。这种封装形式在高速信号处理、散热性能、微型化等方面相较于其他种类的封装具有较大优势，因此，它在 CPU、GPU、FPGA、数字信号处理器（DSP）、通信智能终端处理器及发光二极管等产品的封装中有着较为广泛的应用。

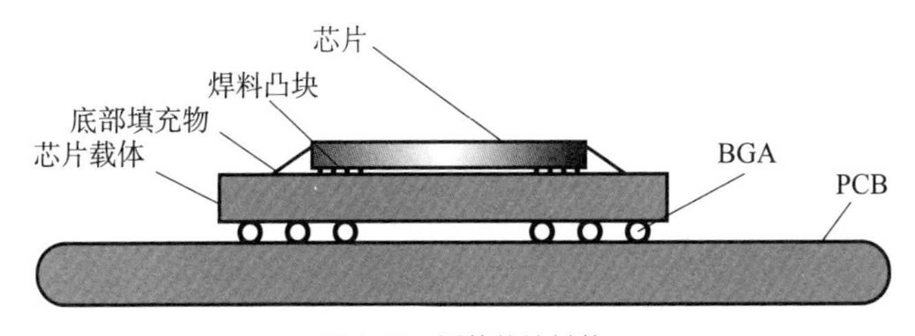

图 4-3　倒装芯片封装

倒装芯片封装技术本身并不属于新的封装技术，它的前身是可控塌陷芯片连接技术。由于凸点技术和封装技术不断发展，这种技术也在持续不断地演化，到现在已经发展成为一种在集成电路产业中通用的封装技术，被各大芯片制造厂商广泛采用。

3. 未来集成电路设计

近年来，随着国家对于集成电路产业发展越来越重视，集成电路技术也日益趋于成熟，未来集成电路设计也出现了许多新的可能。在进行传统大规模集成电路设计时，设计者通常把整个电子系统都集成在一个芯片中，即 CPU、GPU、存储器等电子元件都被集成在一块芯片上，并且它们都是使用同一种工艺制造、以平面的方式集成的。由于传统芯片的集成技术是基于 2D 的集成技术，即作为功能单元的晶体管均位于同一个平面上，这需要机器在晶圆2D平面上雕刻出纳米级大小的晶体管，对工艺流程的精细程度提出了非常高的要求。但是随着芯片性能要求和系统复杂程度的不断提高，要想实现那么多功能，芯片的面积也势必会越来越大，这将直接导致芯片良品率不断下降。另外，随着工艺节点逐渐逼近物理极限，人们迫切地想找到新的方法来延续技术的发展，目前，人们找到了一种新的思路去设计芯片，即采用3D的方法来设计芯片。这种方法的核心思路是把2D集成中设计在芯片晶圆平面上的各种电子元器件设计到不同的平面内，从三维的角度出发，对集成电路的设计进行思考，将不同层平面的微型电子元器件连接在一起。集成电路的设计与电子设计自动化工具有着密不可分的关系，也可以说，集成电路设计离不开电子设计自动化工具，因此，3D集成电路设计的难点其实在于电子设计自动化工具，怎样使用电子设计自动化工具对集成电路进行合理的3D设计，这是第一个要解决的难题，除此之外，不同层之间的互连可靠性、信号传输速度也是需要考虑的。电子设计自动化工具是基石，因此，不但要解决电子设计自动化的问题，理论研究也要一并推进。

首先要思考这样一个问题，然后才能继续前进探索其他问题。

上面所描述的3D集成电路，与传统的基于晶圆平面的集成电路有很大的不同，科学家根据特性为它起了一个全新的名称—立方体集成电路。由于3D集成电路的结构中包含了多个器件层，所以它的设计方法和思路与传统的集成电路是完全不同的。在传统集成电路的版图设计中，需要将不同的功能模块，按照平面排列的方式安排在晶圆图纸上的不同区域，若采用 3D 设计的方法，则是将原先处于同一个平面上的元器件分别分配到数个平面上，先在各个平面上将元器件分别排布好，然后以一种有逻辑且合理的方式将多个平面叠加在一起，通过这样的方式，芯片面积就会得到极大程度的减小，并且由于各元件平面之间采用了立体的叠加方式，各部分模块之间的互连距离相较于传统的集成电路设计方式更小，这可以减小信号的传输距离，也就极大地减小了信号的损耗，让芯片可以更加高效地完成系统给它分配的工作，如图 4-4 所示。

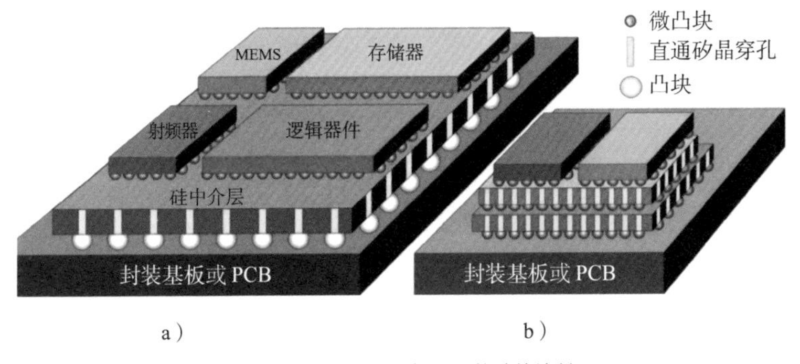

图 4-4　2.5D 芯片与 3D 芯片的比较

a）2.5D 芯片　b）3D 芯片

众所周知，在总面积不变的情况下，芯片平面叠加的层数越多，芯片的面积也就越小，当芯片堆叠的总厚度同芯片的长或宽相等时，芯片便形成一个立方体，这也是立方体集成电路名称的由来。

在立方体集成电路的设计方法理论中，整个芯片的最大厚度尽可能不要超过芯片的长（宽），最好将一个芯片通过 3D 设计的方法设计成一个高长相等的立方体，而不是一个长方体，也就是说，柱状的长方体不是最合适的 3D 集成电路设计成品。

立方体集成电路设计方法听上去是很美好的，而且它未来的发展前景也很好，但是在实际的设计过程中会遇到许多挑战。设计的挑战主要来自两个方面，一个方面是新的设计方法给电子设计自动化工具的性能带来了新的挑战，另一个方面则是新的设计方法对于设计人员的能力提出了更高的要求。

下面分析一下立体集成电路带来的对电子设计自动化工具的挑战。从传统的 2D 集成电路设计转为立体集成电路设计，集成电路设计的复杂度会极大地提高，这是显而易见的，毕竟由原先的 2D 平面结构变为了 3D 立体结构，维数的增加带来了更大的工作量和待处理的数据。如果对目前主流的集成电路采用立方体集成电路设计的方法进行设计，设计的精细程度必须比原先更高，由此看来，这对电子设计自动化工具的挑战是极大的，不可以像以前一样只是在平面上对其进行设计，因为 3D 设计也并不是简单地将各个 2D 的平面层直接堆叠在一起，这种设计方法还要使得跨平面的信号线连通才能使得芯片上的系统正常工作。

除了电子设计自动化工具的挑战之外，由于立方体集成电路设计相较于传统的集成方法，其所要集成的晶体管数量大大增加（约为传统集成电路的 10 000 倍），所以这会给集成电路的设计人员带来更多需要处理的数据，这对于他们来说也是一个非常巨大的挑战，必须改进优化原有的数据处理方式，才能够更加高效地处理大量的芯片数据。

4. 未来电子设计自动化工具发展

我国的芯片产业能在短短几年之内有如此巨大的飞跃，电子设计自动化工具性能的提升在其中发挥了不可忽视的重要作用，它使得我国数以亿计的芯片能够在相对较短的时间内飞速地更新迭代，让一些以前只存在于设想阶段的芯片成为现实，获得更加优越的性能。它就像一座横跨设计与制造的大桥，帮助国产芯片顺利地跨入了 5G 互联网与人工智能时代。随着我国电子信息产业的快速发展，国产电子设计自动化工具在国内得到了较为广泛的应用。近几年来，我国的电子设计自动化工具厂商数量不断增加，并且有多个企业已经成为电子设计自动化和集成电路设计行业的重要参与者和“领头羊”。这些企业有着追求卓越、精益求精的精神，不断提升产品的质量和性能，满足了国内市场对于电子设计自动化工具的种种需求。

与此同时，我国电子设计自动化工具的市场规模也在不断扩大。众所周知，中国作为全世界重要的电子商品消费市场之一，需要大量设计并制造电子产品，因而对电子设计自动化工具的需求量非常庞大，基本所有芯片制造产业都需要使用到电子设计自动化工具。国内企业在自主研发的基础上，引进了一些国际知名的电子设计自动化工具，同时根据国内市场的需求进行了本土化的改进和量身定制。这些努力和创新使得我国的电子设计自动化工具市场逐步壮大起来，我国并没有局限于国界的限制，而是积极探求国家与国家之间的电子设计自动化产业的互相交流，共同进步。

在5G信息时代，随着人工智能、物联网等新兴技术的兴起，各大工厂和电子产品制造商对于电子设计自动化工具的需求将进一步增加。在人工智能制造领域，针对人工智能的芯片设计需要更高性能和更低功耗的设备，也就是说，它对于芯片的性能提出了更高的要求；在物联网领域，对产品有了减小尺寸和降低成本的新需求；除此之外，5G时代带来的大规模通信和数据处理需求也将对电子设计自动化工具提出更高的要求。

由上面所述的几点可以得出，我国电子设计自动化工具的发展将重点围绕以下几个方面展开。

首先是算法和模型的创新。电子设计自动化工具的性能和效率取决于其算法和模型的优化程度，想要有更高性能的电子设计自动化工具，就必须对其算法和模型进行优化。未来，电子设计自动化企业需要加大力度进行产业升级，加大在算法和模型方面的研发力度和投资，提高电子设计自动化产品的设计和验证能力，完成其性能的优化。其次是电子设计自动化工具的多元化应用。电子设计自动化工具的应用与芯片的应用有着密不可分的联系，可以根据芯片在不同领域的应用对电子设计自动化工具的功能进行调整。根据客户的要求对电子设计自动化工具的功能进行细化，在保留其基本框架的同时对细节进行修改，让它更贴合客户需求。因此，电子设计自动化企业需要扩展产品线，根据不同领域的需求为不同的客户提供不同的定制化电子设计自动化工具，每一种特定的电子设计自动化工具都能起到在它所要被用到的领域中的重要作用，为未来的产业提供更多的适用于不同领域和不同需求的工具。此外，随着云计算技术的不断发展，电子设计自动化工具将与云计算和深度学习等技术相互结合，由此可以实现更为高效的集成电路设计流程。云计算技术的使用可以为电子设计自动化工具提供更强大的计算和存储能力，提高电子设计自动化工具的运行速度和效率。深度学习技术可以提高电子设计自动化工具的自动化和智能化，为集成电路设计人员提供更智能的芯片设计和验证方案。

随着新要求的提出，我国电子设计自动化技术的发展还面临一些挑战。首先是技术门槛的提高。时代在发展，电子设计自动化技术也在不断地进步，电子设计自动化技术又是集成电路设计和开发的基石，在集成电路设计的过程中有着无法替代的地位，而想要更便捷、精准地进行电路设计与仿真，首先要对电子设计自动化技术进行更新换代，如此一来，就需要能力更加优秀的算法和高端模型来进行扩充。目前，我国在集成电路方面的人才培养相对于其他老牌芯片强国仍有较大差距，要想在国际电子设计自动化工具市场的竞争中占据一席之地，需要正视自己与他国的差距，我国的龙头企业还需要加大技术研发和人才培养的力度，在这一领域投入更多的人力、物力以及财力。

另外一个巨大的挑战是芯片研发软件尖端技术仍被国外所垄断。目前，新思、楷登和西门子在全球的电子设计自动化市场中仍牢牢地占据着主导地位，并且由于其深厚的底蕴，它们目前拥有丰富的专利技术。要想突破他国在尖端技术上的垄断，国内电子设计自动化企业需要加强自主创新能力，提升产品的国际竞争力，做出符合国人使用习惯的自主研发的电子设计自动化工具。

综上所述，国内电子设计自动化工具目前虽然在技术方面取得了较为明显的进步，但是仍有许多的不足亟须改进。随着越来越多的高新技术不断涌现，电子设计自动化工具的市场前景将变得更加广阔。未来，我国电子设计自动化技术的发展应该将重点放在算法创新和模型优化上，除此之外，我们还应探索电子设计自动化技术在芯片领域内的多元化应用，并且还需要探索它与5G互联网技术和人工智能技术结合的可能性。

第11课

集成电路未来产业前瞻

1. 人工智能与集成电路

自从 2016 年 AlphaGo 在人机围棋对决中击败李世石以来，人工智能（AI）引起了全球的高度关注，并成为新的投资热点。关注度的激增促使全球企业加快了在人工智能领域的战略部署，各国政府也出台了相关政策促进人工智能技术的发展。人工智能的进步在很大程度上依赖于高性能芯片，这些芯片为日益复杂的机器学习模型和庞大的数据库提供了必要的计算和存储能力。没有这些专门的芯片，人工智能将停留在理论层面，无法有效地应用于实际操作中。

AI 芯片是专门根据人工智能的特点进行设计，用来处理大量计算任务的芯片。“没有芯片，就没有 AI”这句话强调了 AI 芯片作为硬件基石的重要性，AI 芯片性能的发展是促进人工智能发展水平的一个重要条件。因此，开发旨在提高计算速度的 AI 芯片已成为推动人工智能产业爆炸性增长的关键因素之一。

作为芯片行业的一个独特的领域，AI 芯片具有其独特性和普遍性。它专为人工智能而设计，但又与其他芯片一样，其发展与整个集成电路行业的进步密切相关。AI 芯片的发展不仅受到集成电路行业发展水平的限制，而且为集成电路行业的发展提供了新的方向。

近年来，人工智能，尤其是深度学习，经历了爆炸性的发展。这种飞速发展在很大程度上归功于多年来集成电路技术的积累。如果没有高水平的集成电路技术提供拥有大算力的芯片来支持大规模机器学习，就不会有 AlphaGo 击败顶尖人类选手的壮举。在过去的十年里，芯片技术的发展多与通信领域的成果同台亮相，多见于多媒体和智能手机应用。随着人工智能的热潮席卷全球，芯片技术的发展逐渐倾向于人工智能领域，而人工智能在芯片技术上的驱动作用将更加明显，预示着该领域进入创新和进步的新时代，如图 4-5 所示。

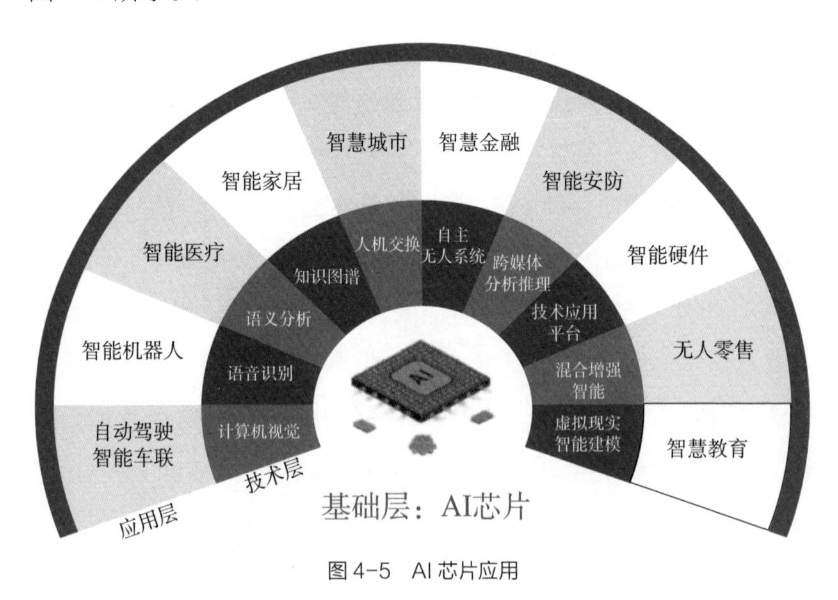

图 4-5　AI 芯片应用

我国的 AI 芯片产业拥有巨大的发展潜力。目前，全球 AI 芯片的发展仍处于初期阶段，我国的 AI 芯片产业与其他国家处于同一起跑线上。在未来 5 年内，我国的 AI 芯片产业将迎来快速发展，其行业增长率将位居全球前列。

2. 量子技术与集成电路

量子计算代表了计算技术的一次范式转变，它利用量子力学的原理来执行高速的数学和逻辑运算以及量子信息的存储和处理。量子计算机处理量子信息并执行量子算法。虽然很难预测“量子计算机时代”的确切到来时间，但科学家们认为，没有不可逾越的障碍能阻止这一颇具革命性和颠覆性的技术的出现。

现代计算机芯片的结构性能就快达到经典物理的极限，这时需要寻求替代方法，包括探索新的机器架构和多核芯片，或深入研究量子力学以开发量子计算机，后者需要跳出传统的冯·诺依曼架构和现有的半导体芯片法则，利用量子叠加和量子纠缠来执行逻辑运算。

国际半导体技术发展路线图表明，尽管像多核芯片这样的技术可能在短期内延续摩尔定律，但中长期的重点应该是基于量子物理学开发量子计算机。这样具有革命性的设备有潜力超越摩尔定律。信息量子化的趋势是不可避免的，量子计算是突破芯片尺寸和经典物理限制的必然结果，标志着后摩尔时代的到来。

信息是当今世界最重要的资源之一，计算机技术是现代信息技术的核心。信息处理能力是信息时代的基本生产力，是衡量国家核心竞争力的关键指标。自第二次世界大战结束以来，美国一直占据超级计算机发展的霸主地位，超级计算机最初用于计算导弹轨迹和核武器模拟等军事用途，后来逐渐应用于科学研究、产品开发、金融等领域。这种技术优势显著增强了美国的国际影响力。

量子计算技术革命为各国提供了一个绝佳的机会，一个可以从经典信息技术时代的追随者和模仿者转变为未来信息技术的领导者的机会。量子计算技术是一种颠覆性的技术，一旦有国家在此领域取得突破，其将迅速建立全方位的战略优势，并引领国际量子信息时代的发展。

3. 生物医学与集成电路

动物试验什么时候会被取代?

科学家们已经尝试了许多替代动物试验的方法，例如，开发新的算法、使用三维体外模型、使用鱼胚胎（不是动物）进行毒性测试。

事实上，美国的劳伦斯利弗莫尔国家实验室（LLNL）也在努力开发一种三维大脑芯片，它可以捕捉体外培养的活脑细胞的神经活动。不仅如此，它们还在芯片上模拟了三维大脑，以便于在体外分析大脑芯片上形成的神经网络。

目前，神经动作电位的电生理记录通常是通过二维微电极阵列（MEA）来完成的，这是评估神经功能、网络通信和生化药物反应的常用且可靠的方法。相比之下，三维体外神经网络较少用于测量电生理活动。

然而，三维体外模型是研究细胞 - 细胞和细胞 - 细胞外基质相互作用的系统。研究这些“相互作用”需要在组织环境中利用空间、机械和化学信息，这在传统的二维模型中是不可能的。

可以说，三维模型是超越二维大脑芯片平台的重要一步，因为在三维模型中，科学家可以更全面地复制人类大脑的生理功能，并且可以更好地了解大脑的功能以及那些对大脑产生刺激等作用的化学物质。

4. 柔性电子与集成电路

柔性电子（flexible electronics）技术起源于 20 世纪 80 年代，其以柔性材料为基础，以柔性电子器件为平台，以光电技术应用为核心，是一种融合物理学、化学、材料科学与工程、力学、光学工程、生物学、生物医学工程、基础医学等学科的科学技术。简而言之，柔性电子技术是一门新兴的交叉科学技术，它将有机、无机或有机无机复合（杂化）材料沉积在柔性基底上，形成以电路为代表的电子（光电子、光子）元器件及集成系统。柔性电子器件具有柔软、轻便、透明、便携、可大面积应用等特点，极大地扩展了电子器件的应用范围。

柔性电子技术可与人工智能、材料科学、泛物联网、空间科学、健康科学、能源科学和数据科学等科技深度融合，从而引领信息科技、健康医疗、航空航天、先进能源等领域的创新变革，并推动相关产业的发展，如图 4-6 所示。柔性电子技术是一场全新的电子技术革命，美国、欧盟、澳大利亚等发达经济体的政府机构、高等院校和科研单位纷纷投入大量资金与人力，设立研究中心与技术联盟，重点支持柔性信息显示、柔性电子器件、健康医疗设备等方面的研究及产业化，已在柔性显示与绿色照明、柔性能源电子、柔性生物电子和柔性传感技术等领域取得领先地位。

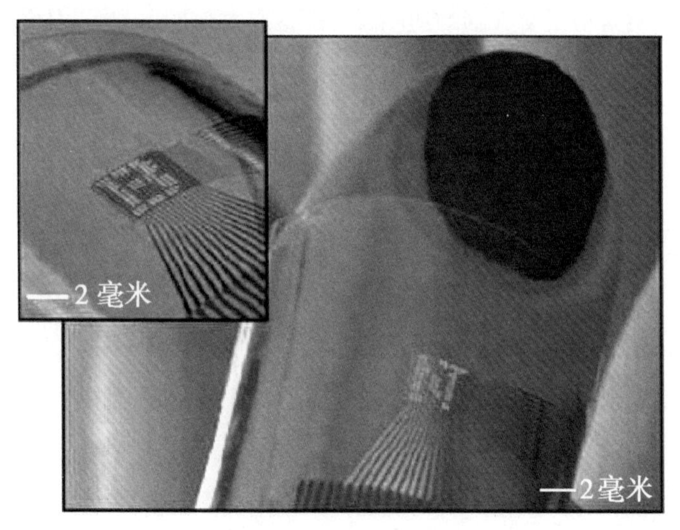

图 4-6　ILED 柔性显示器件

面对新一轮科技革命和产业变革与我国转变发展方式的历史性交汇期，我们应牢牢把握机遇，加快推进“FAMISHED”等代表性科学技术前沿领域的发展。“FAMISHED”指的是最有可能产生颠覆性技术创新的八大领域，包括柔性电子、人工智能、材料科学（materials science）、泛物联网（internet of things）、空间科学（space science）、健康科学（health science）、能源科学

（energy science）和数据科学（data science）。我国应在这些科学技术前沿领域进行重点布局，加强基础研究和原始创新，掌握关键核心技术，加速孕育颠覆性技术变革和群体性技术突破，不断催生新经济、新业态、新模式，谋求生产力的质的飞跃。

在“十四五”规划期间乃至未来相当长一段时间内，柔性电子领域孕育着巨大的科技创新和产业发展机遇。柔性电子领域需要国家的重点布局，基于碳基材料与光电过程结合的理论，发展以光电子产业为先导的柔性电子产业，打造基于“中国碳谷”的柔性电子强国。我国要打破欧美长期主导基于硅基材料与电子过程结合的微（纳）电子产业发展的格局，引领具有高附加值的战略性、主导性和支柱性的柔性电子产业发展，开创柔性电子的新时代。

5. 光子与集成电路

光子集成电路（photonic integrated circuit，PIC）如图 4-7 所示，近年来已成为一项成熟且强大的技术。与电子集成电路相似，光子集成电路将各种光学或光电器件，如激光器、电光调制器、光电探测器、光衰减器、光复用器、光解复用器及光放大器等器件集成于单一芯片上。这些器件在信息传输和处理上展现出无与伦比的优势，因而广泛应用于光纤通信、光谱传感和量子信息处理等领域。

然而，目前大多数 PIC 都是针对特定应用设计和制造的，即所谓的定制化 PIC，这种定制化导致 PIC 的光路和功能固定，无法适应多种应用场景，从而增加了开发周期和成本。为解决这一问题，

图 4-7　光子集成电路

科研人员借鉴电子集成电路的发展经验，提出了可编程 PIC 的概念。可编程 PIC 能够根据目标功能需求进行软件编程，并通过电控和温控等手段，对片上光波导和其他功能器件进行重新配置，实现对光信号的重构。

这种可编程性赋予了 PIC 功能重构的能力，显著降低了生产成本和减少了技术障碍，同时提供了升级和适应新应用的可能性。可编程 PIC 的出现，不仅为 PIC 领域带来了新的发展机遇，而且为多元化应用提供了更灵活的技术解决方案。

光作为一种信息载体，可以通过振幅、相位或频率的变化来传递多种信息，实现光传感功能。PIC 已成为片上光谱仪、生物传感器、光学相干层析成像和调频连续波激光雷达等领域中的有效传感器平台。其中，许多功能可以在通用的可编程 PIC 上实现，而有些特殊的传感器则需要定制化 PIC，以满足特定的几何形状、化学特性或其他功能需求。

几十年前，可编程电子集成电路经历了类似微处理器、FPGA 和 DSP 的演变，可以不再依赖于设计定制芯片来实现特定功能，围绕可编程电子集成电路形成了一个低成本、低误差容忍度的产品生态系统。如果能为分立光学、定制化 PIC 和可编程 PIC 提供各自的解决方案，就有可能建立起一个类似的光子生态系统。

尽管 PIC 与电子集成电路在某些方面相似且功能互补，但是在 PIC 的设计复杂性和算法编程方面仍存在广阔的探索空间，这为光子技术的未来发展提供了巨大的可能性，预示着在信息处理和传感领域或将出现更多创新和突破。

第12课

国内外集成电路发展趋势

1. 中国集成电路发展趋势

首先从政策层面来分析，中国政府已经明确将集成电路产业定位为未来五年发展计划中的重点领域之一。中国政府将致力于加强在关键技术领域的创新能力，特别是在提升数字技术基础研发能力方面下大力气。具体措施包括推动计算芯片、存储芯片等关键领域的技术创新，加快集成电路设计工具、重点装备和高纯靶材等关键材料的研发进程。此外，中国政府还将重点推动绝缘栅双极型晶体管（IGBT）、微机电系统（MEMS）等特色工艺的技术突破。同时，中国政府还将加强在人工智能、量子信息、集成电路、空天信息、类脑计算、神经芯片、脱氧核糖核酸（DNA）存储、脑机接口、数字孪生、新型非易失性存储、硅基光电子、非硅基半导体等关键前沿领域的战略研究布局和技术融通创新。在地域方面，长三角、环渤海、珠三角和中西部区域成为中国集成电路产业的四大集聚区。特别是长三角地区，以其扎实的产业基础、完整的产业链和先进的技术水平成为中国集成电路产业的领头羊。上海作为该地区的核心城市，已经形成了一条集设计、制造、封测、材料、装备及其他配套服务于一体的完整集成电路产业链，成为国内集成电路产业最为完整、产业结构最为均衡的城市。

从市场需求的角度来看，随着物联网、5G 通信、人工智能等新兴技术的不断成熟和普及，消费电子、工业控制、汽车电子等集成电路下游制造行业的产业升级进程正在加速。这些下游市场的革新升级为集成电路企业带来了强劲的增长动力。同时，随着先进制程芯片制造技术的发展，还有对工艺精度要求的不断提高，需要采用更加复杂的多重图形工艺。相比于过去的成熟制程，同样的芯片产量，多重图形工艺所需求的材料和生产流程步骤大幅增加，而且由于技术难度与复杂度的提升，芯片单价也将随之上升。

从企业发展的角度来看，中国集成电路行业在未来将继续加大技术研发和创新投入，不断提升自身的技术水平和创新能力。特别是在芯片设计领域，国内企业将继续加大研发力度，推出更多具有自主知识产权的芯片产品。芯片设计等上游产业的规模占比逐年攀升，显示出中国集成电路产业正在从低端走向高端，发展质量稳步提升。随着国内企业和政府继续加大投入和推动创新，中国集成电路行业与国际先进水平的差距将进一步缩小。同时，国内企业也将进一步加强合作和交流，推动整个集成电路行业的技术进步和发展。

未来中国集成电路市场将继续保持快速增长，成为全球集成电路市场的重要推动力。同时，中国政府也将会加大对集成电路产业的扶持力度，推动集成电路产业向高端化、智能化方向发展。

2. 世界集成电路发展趋势

2022 年 8 月 9 日，美国总统拜登签署了《芯片和科学法案》，这一举措旨在提供关键半导体的制造激励和研发投资。该法案不仅吸引了政府和商界领袖的广泛关注，还促进了新晶圆厂和其他相关设施的建设计划。《芯片与科学法案》的实施预计将通过创造就业机会和经济投资来改变美国的未来景观。该法案的核心是一项 390 亿美元的制造业激励计划，由美国商务部管理，目的是通过广泛的技术投资来振兴美国的芯片制造生态系统。该计划涵盖了从大型先进晶圆厂到研发项目的广泛支持，包括成熟和先进芯片、新技术和专用技术、制造设备和供应材料等多个方面。此外，该法案还为先进制造业提供了 25% 的投资税收抵免，由美国财政部实施，旨在缩小美国与海外投资之间的成本差距。同时，该法案还将投资 130 亿美元于半导体研发，包括设立美国半导体技术中心、美国先进封装制造计划、美国制造业研究所、美国芯片国防基金和计量研发等项目。这些项目的目标是完善半导体创新生态系统，促进政府、产业界、学术界和其他利益相关方之间的合作，为长期创新提供资金支持，并培养未来半导体行业所需的科学家和工程师。目前，已有 46 个新的半导体生态系统项目公布，美国公司的研发投资总额超过 1 800 亿美元，预计将创造超过 20 万个就业岗位，包括在 12 个州新建的 15 个晶圆厂和扩建的 9 个晶圆厂，以及在半导体材料、化学品、气体、晶圆等方面的大量投资。

从企业发展的角度来看，美国多家企业的技术路线都显示企业将投入更多资金在量子计算、神经网络处理、3D 集成电路、PIC 等技术方向，量子计算和神经网络等趋势正在重新定义电子系统的功能。

在东南亚半导体产业的版图中，新加坡以其完善的产业链脱颖而出。作为全球知名半导体公司美光的总部所在地，新加坡不仅拥有三座内存晶圆厂，还设有一个先进的组装和测试设施。同时，新加坡也是英飞凌在亚太地区的总部，主要负责研发、供应链管理、市场营销和销售等核心业务。此外，意法（ST）、安华高、联发科等知名半导体企业也在新加坡建立了自己的生产和分销网络。与此同时，分销巨头安富利和富昌也在新加坡设立了重要的业务节点。据最新的行业数据分析，新加坡目前汇聚了 40 家集成电路设计公司，14 家硅晶圆厂，8 家晶圆厂和 20 家封测公司，以及众多负责材料、制造设备和光掩模等产业的相关企业。根据 IC Insights 的报告，2021 年新加坡在全球晶圆厂产能中占据近 5% 的份额，同时在全球半导体设备市场中占有 19% 的市场份额。

马来西亚在半导体产业链中的封装和测试环节扮演着至关重要的角色。据悉，东南亚在全球封测市场中占有 27% 的份额，其中马来西亚占据了一半。约有 50 家跨国半导体企业在马来西亚设立封测厂，其中包括恩智浦、博通、美光、意法、英飞凌、德州仪器、安森美、日月光等。不过，马来西亚半导体行业正逐步从廉价代工向设计和制造转型。近年来，马来西亚还批准了总计 950 亿令吉（约合 1 400 亿元）的跨国微电子企业新投资项目。2022 年上半年，马来西亚又新批准了 25 个半导体产业链相关项目，总投资达 92 亿令吉（约合 139 亿元人民币），投资方包括超威（AMD）、德州仪器和罗姆等知名企业。

在欧洲方面，德州仪器、亚德诺、意法、英飞凌、恩智浦等模拟芯片巨头长期稳居全球 TOP10，并且近几年集中度还在进一步上升。十年前，欧洲半导体产业做出了明智的选择，专注于车用半导体和工业半导体两个细分市场。这一战略选择既延续了传统优势，又顺应了电动汽车和物联网等新兴市场的趋势。欧洲国家拥有强大的汽车工业和制造业基础，加之欧洲半导体三巨头在车用和工业半导体领域多年的深耕，形成了完整的设计、制造和封测的垂直整合制造体系，使得竞争对手难以短期内超越。随着 PC 市场和移动终端市场红利期的结束，5G 网络普及带来物联网时代，以及智能电动汽车、无人驾驶、车联网等新兴市场兴起，欧洲半导体产业迎来了新的增长机遇。欧洲半导体产业正通过“守旧”中“拓新”的方式，继续在全球市场中占据重要地位。

总体来看，世界集成电路行业正处于蓬勃发展之中，各地区和国家都在积极布局，以期在未来的集成电路产业竞争中占据有利地位。希望作为读者的您也能关注并参与到这一充满活力和机遇的行业中，为中国乃至全球的集成电路产业发展贡献自己的力量。

后　记

在科技飞速发展的今天，我们生活中充斥着各种各样的电子产品，而这些电子产品都离不开一个核心组件——集成电路。集成电路，顾名思义，是将多个电子元件集成在一块衬底上，完成一定的电路或系统功能的微型电子部件。它不仅大大减小了电子设备的体积，还提高了电路的稳定性和可靠性，是现代电子技术的重要基石。随着科技的不断进步，集成电路作为现代电子技术的核心，正以前所未有的速度发展，其应用范围也日益广泛，深入智能手机、个人计算机、医疗设备以及航空航天技术等众多领域。可以说，如今的集成电路产业已然成为全球经济发展的重要引擎，推动着社会科技的持续进步与产业的不断革新。

当前，我国已经成为具有重要影响力的科技大国，然而在集成电路领域还面临一些亟需突破的瓶颈。从 20 世纪 80 年代开始，我国就一直致力于加快推进集成电路产业的发展，由于技术落后、资金不足等因素，中国“芯”在相当长一段时间内并未取得突破。进入 21 世纪后，随着全球信息化进程的加快和中国经济的崛起，中国“芯”逐渐崭露头角。我们有理由相信，在不久的将来中国

“芯”将实现突破，具有国际竞争力的中国“芯”将闪耀在世界的舞台。

在编写这本科普图书时，我们深入探索了集成电路的复杂技术和广泛应用，力求以简洁明了的语言阐述其原理，使广大读者能够轻松理解并掌握相关知识。本书共分 4 篇，分别为数字知识篇、数字职业篇、数字产业篇、数字未来篇，涵盖集成电路基础知识、人才培养、产业建设、未来发展等方面。书中也展示了集成电路在各个领域的多样化应用，以期激发读者对科技的热情与兴趣。

在编写本书的过程中，我们得到了许多专家、学者的支持和帮助。在此表示衷心的感谢。同时，我们也要感谢广大读者对本书的关注和支持，希望这本书能够成为你们了解和学习集成电路的良师益友。

由于编者水平、经验与时间有限，本书的不足与疏漏之处在所难免，恳请广大读者批评与指正，以便我们不断完善和改进。

编者

2024 年 10 月